中国消防救援学院规划教材

工程抢险技术

主　　编　林金良　宁占金
副主编　曾　涛　王志明
参编人员　崔堃鹏　宋丙剑　鲁佳慧　宫晓艳
　　　　　陶昕益　田馨孜　关岩鹏　范敬冲

应急管理出版社
·北　京·

图书在版编目（CIP）数据

工程抢险技术／林金良，宁占金主编．-- 北京：应急管理出版社，2024. --（中国消防救援学院规划教材）. -- ISBN 978-7-5237-0644-2

Ⅰ. TV871.3

中国国家版本馆 CIP 数据核字第 20241MW745 号

工程抢险技术（中国消防救援学院规划教材）

主　　编　林金良　宁占金
责任编辑　肖　力
责任校对　李新荣
封面设计　王　滨

出版发行　应急管理出版社（北京市朝阳区芍药居 35 号　100029）
电　　话　010-84657898（总编室）　010-84657880（读者服务部）
网　　址　www. cciph. com. cn
印　　刷　河北鹏远艺兴科技有限公司
经　　销　全国新华书店

开　　本　787mm×1092mm $^{1}/_{16}$　**印张**　$10^{3}/_{4}$　**字数**　233 千字
版　　次　2024 年 8 月第 1 版　2024 年 8 月第 1 次印刷
社内编号　20231593　**定价**　32.00 元

前　言

中国消防救援学院主要承担国家综合性消防救援队伍的人才培养、专业培训和科学研究等任务。学院的建设与发展，对于加快构建消防救援高等教育体系、培养造就高素质消防救援专业人才、推动新时代应急管理事业改革发展，具有重大而深远的意义。学院秉承“政治引领、内涵发展、特色办学、质量立院”办学理念，贯彻对党忠诚、纪律严明、赴汤蹈火、竭诚为民“四句话方针”，坚持立德树人，坚持社会主义办学方向，努力培养政治过硬、本领高强，具有世界一流水准的消防救援人才。

教材作为体现教学内容和教学方法的知识载体，是组织运行教学活动的工具保障，是深化教学改革、提高人才培养质量的基础保证，也是院校教学和学术科研水平的重要反映。学院高度重视教材建设，紧紧围绕人才培养方案，按照“选编结合”原则，重点编写专业特色课程和新开课程教材，有计划、有步骤地建设了系列具有学院专业特色的规划教材。

系列教材以马克思列宁主义、毛泽东思想、邓小平理论、“三个代表”重要思想、科学发展观、习近平新时代中国特色社会主义思想为指导，以培养消防救援专门人才为目标，按照专业人才培养方案和课程教学大纲要求，在认真总结实践经验，充分吸纳各学科和相关领域最新理论成果的基础上编写而成。教材在内容上主要突出消防救援基础理论和工作实践，并注重体现科学性、系统性、适用性和相对稳定性。

本教材由中国消防救援学院副教授林金良、教授宁占金任主编，副教授曾涛、教授王志明任副主编。参加编写人员及分工：崔堃鹏、陶昕益、田馨孜编写第一章，王志明、宋丙剑、关岩鹏、范敬冲编写第二章，林金良、鲁佳慧编写第三、四章，宁占金、宫晓艳编写第五章，曾涛、宫晓艳编写第六章。

系列教材在编写过程中，得到了国家消防救援局、相关院校及科研院所的大力支持和帮助，谨在此深表谢意。

由于编者水平所限，教材中难免存在不足之处，恳请读者批评指正，以便再版时修改完善。

中国消防救援学院教材建设委员会

2023年12月

目　录

第一章　绪　论

工程抢险，如同人生中的逆境与困境，考验着每一个参与者的意志、智慧和团队精神。面对突如其来的灾害和事故，抢险人员需要迅速、准确地作出判断和决策，这不仅是技术的较量，更是对人性、对责任、对担当的深刻检验。在抢险过程中，每一个细节都不能忽视，每一个环节都至关重要。这种精益求精、追求完美的工匠精神，正是我们在日常工作中所倡导的。不仅如此，抢险人员还需要具备高度的团结协作精神，因为只有众志成城，才能战胜一切困难。

通过学习工程抢险技术，我们不仅可以掌握相关的技术知识和技能，更可以从中汲取思政的营养，提升我们的思想境界和人生追求。让我们在未来的工作和生活中，不忘初心、牢记使命，始终坚守自己的本心和职责，为实现中华民族伟大复兴的中国梦贡献自己的力量。

第一节　工程抢险的含义

所谓工程抢险，指的是在应急响应的过程中，为消除、减少自然灾害的负面影响、损失或危害，防止自然灾害的负面影响、损失或危害的扩大和恶化，最大限度地降低自然灾害造成的负面影响、损失或危害而运用工程施工方法进行抢险的行动。

消防救援队伍在应对自然灾害和事故灾难中发挥着至关重要的作用。在工程抢险方面，消防救援队伍参与的项目涵盖了多个领域，每个领域都有其特定的复杂性和技术要求。本教材主要介绍了消防救援队伍在工程抢险方面的内容，包括但不限于以下几个方面。

（1）城市内涝抢险。城市内涝是由于短时间内大量降雨导致的城市排水系统无法及时排出积水而引发的灾害。消防救援队伍需要迅速疏通排水管道、排水泵站等设施，及时排出积水，保障人民的生命财产安全。

（2）抗洪抢险。抗洪抢险主要针对江河湖泊的水位上涨、堤坝溃决等情况。消防救援队伍需要密切关注汛情，随时准备出动，对堤坝进行加固、封堵决口等作业，同时还要进行人员疏散和救援工作。

（3）堰塞湖抢险。堰塞湖是由于山体滑坡、泥石流等导致的河道堵塞而形成的人工湖。消防救援队伍需要迅速评估堰塞湖的危害程度，采取相应的措施，如转移群众、开挖堰塞体等，以防止灾害扩大。

（4）道路抢通。道路抢通主要针对滑坡、泥石流、沙害、冰雪灾害等导致的道路阻塞。消防救援队伍需要迅速到达现场，清理路面的阻塞物，恢复道路畅通，确保救援物资和人员能够及时到达灾区。

此外，在各类工程抢险项目中，都需要加强现场安全管理，防止次生灾害的发生。同时，消防救援队伍还需要与相关部门密切配合，协同作战，共同应对各种自然灾害和突发事故。

工程抢险在灾害应对中起到了至关重要的作用。当灾害发生时，消防救援队伍需要迅速响应，采取有效的措施来控制灾害范围的进一步扩大，保障人民的生命财产安全。灾害规模越大，工程抢险的时效性要求越突出，过程也越复杂，对工程抢险的社会化程度要求也就越高。

第二节　工程抢险的特点

重特大灾害的毁伤程度严重，受灾对象众多，消防救援队伍遂行工程抢险任务也日趋复杂，技术含量越来越高，工程抢险的地位作用日益突出。因此，消防救援队伍指挥员必须充分认识工程抢险工作的特点，积极寻求有效的对策，努力提高应急救援能力和水平。工程抢险的特点与灾害种类、发生时间、危害程度以及担负的任务等密切相关。准确认知工程抢险的特点，对于主动预见、充分准备、把握抢险主动权和科学组织工程抢险具有十分重要的意义。工程抢险具有如下特点。

一、情势急迫

情势急迫，是指由自然因素和人为因素引发的灾害或事故，发生突然，危害严重且随着时间推移，损失急剧扩大，形势非常紧迫。一是灾害猝发特征明显。灾害发生发展的机理十分复杂，是自然因素、人为因素等综合作用的结果，灾害的预测困难，事先没有明显的征兆。即使有一定预警期的灾害，发生的时间、地点以及危害程度和后果也很难准确预测，诸如溃堤、管涌、塌方等危害因素则表现出更大的不确定性。二是危害因素多样，灾害蔓延迅速。灾害类型多，频率高，强度大，往往呈现出群发性趋势，大量频繁的次生、衍生灾害使灾情变得异常复杂，导致了危害迅速扩展和蔓延。三是灾害破坏作用巨大，后果严重。灾害的巨大破坏作用主要体现在直接危害人民生命财产安全，损害生产、生活基础设施。据不完全统计，21 世纪以来，我国每年因自然灾害造成的直接经济损失超过 3000 亿元，大约有 3 亿人次受灾。

二、行动受限

行动受限，是指消防救援队伍在参加工程抢险时，由于自然环境和人文环境遭到不同程度破坏，特别是专业救援力量相对较少，往往采取人海战术，给消防救援队伍的救援工作带来诸多不便。主要体现为三个方面：第一，队伍开进受到交通的影响。洪水、地震、暴雪等重大自然灾害，通常会造成道路及重要设施的严重损坏，使交通条件变得非常复杂，消防救援队伍执行应急救援任务中组织开进指挥难度增大，消防救援队伍机动能力也受到极大影响。第二，消防救援队伍工程抢险受到装备技术的限制。尽管消防救援队伍具有工程装备和一些专用抢险装备器材，但由于灾害往往具有区域性综合破坏效应，受灾对象多种多样，危害程度轻重不一，损害后果表现各异。因此，消防救援队伍应急救援任务复杂，面临着综合救援能力的挑战，工程抢险将会受到各种装备技术的限制。第三，与技术装备受限的情况相对应，消防救援队伍工程抢险同时受到技术力量不足的制约。如抗洪救灾中，加固堤坝、解救被洪水围困和坍塌建筑物埋压的人员，修复被毁桥梁，开辟简易公路等，需要大批特定的工程技术人才。对于一些专业技术要求高的灾害的救援，如利用控制爆破的方法进行炸坝泄洪和排除堰塞湖，利用破拆顶撑技术解救被废墟埋压的人员，进行核泄漏事故处理时的方法手段等必须由专业知识和抢险经验丰富的人员参加，消防救援队伍因专业技术力量限制，在某些救援方面往往困难重重。

三、危险性大

重大灾害发生时，其次生和衍生灾害往往不断发生，使抢险过程始终处于难以预测的威胁之下。消防救援队伍在遂行工程抢险时，通常要担负多项救援任务，不仅要救人，还要采取工程措施减轻或消除安全隐患，有时还要保卫重要目标安全、转运物资等，遂行这些任务往往都带有很大的危险性。危险性主要来自两个方面：首先，原生灾害的持续发展、扩大，次生灾害、衍生灾害的不断出现，如：洪灾中暴风雨袭击、堤坝溃决、建筑物坍塌、流行病传播；震灾中的余震、火灾、泥石流等次生灾害和爆炸、核生化泄漏等衍生灾害；雪灾中冻伤、摔伤等，使工程抢险工作面临着巨大威胁。其次，与抢险作业相关联的险情，既可能对抢险目标造成二次损害，也可能危及抢险人员的生命。抢救被压埋的人员时，如果采取扩孔钻缝的营救方式，绝对不能破坏建筑物倒塌后形成的新的稳定结构，否则易再次发生坍塌；如果孔洞较深时，还要采取通风换气措施，防止窒息。扑救火灾时，应查明火场周围是否有尚未转移、隔离的易燃易爆物品。组织交通事故抢险，首先要排除可能导致车体滑落、倾覆、爆炸等关联的险情。同时防止二次损害，还要及时发现关联险情，并采取有效的防范措施，隔离、转移救援目标周围的危险物品。工程抢险危险性大的特点，要求消防救援队伍在工程抢险中，必须坚持实事求是的原则，科学组织工程抢险，选择正确的作业方式、方法和步骤，坚决克服鲁莽行为，积极搞好自身防护，避免救援人员遭受伤害。

四、保障困难

保障困难是指消防救援队伍参加工程抢险时，由于受到客观因素的制约，致使指挥救援行动等各项保障工作面临诸多不便。一是指挥保障不便。灾害发生后，指挥效能将受到极大影响。由于自然灾害引起的气候异常、大气层结构发生变化，无线电通信稳定程度降低，灾区通信基础设施严重损害，对高度分散在各抢险作业场（区）的消防救援队伍来讲，实施有效不间断的指挥难度增大。交通道路阻塞或中断，使机动指挥效能难以充分发挥。电力保障困难，自动化指挥手段运用受到限制。二是救援保障不稳定因素多。工程抢险过程中，由于灾情多变，任务转换频繁，保障工作强度和难度明显增大。一方面，保障基本部署难确定。消防救援队伍接到工程抢险命令后，要与灾害抢时间、争速度，包括保障在内的各项准备时间都非常有限；到达灾区之初，由于灾害信息比较散乱且把握不清，队伍行动的任务难以准确无误地确定和下达，保障工作因缺少必要的依据而缺乏针对性。另一方面，保障要素不确定。消防救援队伍抢险行动，点多线长面宽，没有固定的作业场所，流动性大，保障方向不断变化；保障对象上，既有成建制的分队，又有非建制的分队，保障对象纷繁多样。三是生活保障缺乏基本依托。队伍持续的、大量的救援器材和物资，都需要依靠地方的保障力量来解决，需要与地方共同筹措、调拨。然而，由于灾区的交通、电力、通信、供水系统往往受到严重破坏，大部分救援物资都需要由外地调入，保障系统本身就很脆弱，加之队伍任务地区不断变化，与地方保障机构的关系也极不稳定，从而增大了保障工作的变数。

第三节　工程抢险的组织与实施

在长期的应急救援实践中，消防救援队伍总结出了一套行之有效的工程抢险组织实施方法，这些方法从应急预案准备到组织撤离，涵盖了常见工程抢险的组织与实施等各个方面，对顺利完成工程抢险任务起到了十分重要的作用。

一、工程抢险的组织

（一）平时准备

平时准备应该本着常备不懈、抓住重点、务求实效的原则，结合中心任务实际，突出抓好五个方面的工作。

1. 制定完善抢险预案

结合可能担负的任务，充分预想各种复杂情况，对人力抽组、组织指挥、通信联络和工程抢险方法进行认真研究，制定按建制区分的整体预案、按任务区分的专项预案、按时间区分的临时预案，确保遇有情况，有效应对。

2. 合理配备装备器材

加快重点方向和自然灾害多发区的工程抢险装备物资储备库建设，合理储备大型抢险装备和专用救援物资，针对本单位可能担负的任务类型，重点补充急需的工程抢险专业救援装备和器材，确保应急救援行动需要。

3. 加强工程抢险设施建设

切实抓好各级机关指挥控制、综合通信、计算机网络、机要保密系统和现场指挥设施建设，构建完善的指挥信息系统，实现实时指挥控制。分队固定营区，野外营区和总队训练基地要配套完善各类库室设施，提高战备设施规范化水平。

4. 组织针对性救援训练

坚持以遂行多样化救援任务为牵引，采取以脱产专训、基地轮训、联演联训相结合的组训形式，积极主动地参与应急、水利、电力等部门组织的应急演练，练指挥、练战术、练技能、练协同，不断提高工程抢险能力。

5. 构建综合保障体系

坚持立足自我、队地一体、区域联保的原则，周密制定应急保障方案，灵活采取多种保障方法，切实提高队伍应急保障能力，实现“供得上、修得好、连得通”。

（二）机动准备

机动准备是指消防救援队伍从受领任务到队伍机动前的组织工作，是保障工程抢险任务顺利完成的基础，必须在平时预有准备的基础上，抓住重点，精心组织，快速展开。

1. 受领传达任务

总队、支队指挥员通常以上级机要文电形式受领任务。受领任务后，应迅速组织传达任务。时间允许时应召开党委会，情况紧急时以召开作战会议的方式传达任务，紧急情况下亦可采取边机动边传达等其他方式。

传达任务的主要内容：一是灾害险情的基本情况，包括类型、规模、态势及发展趋势；二是上级任务、意图，指挥位置，主要方向、地区，已经采取的措施；三是本级任务，出动人力、装备数量，配属和支援力量；四是友邻编成、任务及协同方法；五是有关时限和要求。

为保证队伍有充足的时间做好准备，指挥员在受领任务或者传达任务后，应及时指示指挥部拟制下达预先号令。预先号令的内容通常包括：灾害险情的简要情况；队伍将要遂行的概略任务；准备工作及完成时限；各分队指挥员受领任务的时间、地点；有关要求和注意事项等。

2. 计划安排工作

受领任务后，指挥员应科学计划安排工作。其方法是：首先，计算从受领任务到完成抢险准备的总时间；其次，依据救援组织准备的一般程序，列出具体的工作事项；最后，按照各项准备工作实施的先后顺序，区分轻重缓急，合理确定各项工作的所需时间和具体起止时间。计划安排工作要注意简化程序，缩短流程，力求平行展开，提高工作效率。既要通盘考虑、统筹兼顾，更要突出重点，确保主要工作顺利进行并如期完成。

3. 建立指挥机构

受领任务后，指挥员应迅速组织建立指挥机构。通常根据出动人力和任务轻重，视情建立基本指挥所、前进指挥所和后勤指挥所。指挥所的基本编成、主要任务如下。

（1）基本指挥所，是统一指挥队伍救援的主要指挥机构。由队伍正职首长、部门主要领导、机关有关人员和配属队伍的相关领导组成。主要任务：接受、传达上级的命令、指示；搜集、掌握和通报有关情报信息，全面掌握队伍情况；指挥协调队伍实施救援；及时向上级报告队伍抢险进展情况。

（2）前进指挥所，是为加强重要方向的指挥而建立的指挥机构。通常由副职首长，部门副职领导和机关有关人员组成；必要时，也可由一名队伍正职首长率机关有关人员组成，配置在现场附近便于指挥、机动的位置。主要任务：接受、传达上级的命令、指示；掌握现场情况；协调各分队的抢险；根据上级指示和情况变化，适时提出人力调整和抢险建议；直接指挥分队完成救援任务。

（3）后勤指挥所，是组织后勤保障的指挥机构。由后勤机关领导和有关人员组成，也可建立后勤指挥组，在前进指挥所编成内工作。后勤指挥所一般配置在现场附近便于指挥、便于与前进指挥所保持联系的位置。主要任务：组织后勤保障和后勤防卫；协调地方有关部门的支援与物资供应等工作。

4. 定下救援方案

定下救援方案是对工程抢险目的和行动作出决策。指挥员受领任务后应进一步了解任务，深刻领会上级意图，明确本级任务及在上级编成内所处的地位作用，弄清与友邻的关系；对灾害险情、地质地形、气象水文、社情民情、人力抽调、装备配置等情况进行分析判断，充分听取有关部门和技术专家的意见，对任务的内容及时作出决定。

指挥员在定下方案的过程中，机关各部门应围绕保障指挥员定下方案，搜集准备资料，了解掌握各方面情况，重点结合本部门的工作提出情况报告和任务建议。各部门在提出方案建议时要准备多个方案，并充分阐明各方案的利弊条件，以供指挥员择优选用。

定下方案可以以召开作战会议的方式进行。作战会议由消防业务主官主持，本级主要指挥员和副职指挥员以及各部门主要领导、所属下一级（有时下两级）和配属分队主要指挥员参加。作战会议的主要程序有：一是传达任务，通报有关情况；二是各部门分别提出任务建议；三是与会人员发表意见。四是指挥业务主官定下方案，明确抢险和保障事项；五是政治主官进行战斗动员并提出要求。

会议结束后，指挥部门应迅速整理上报方案要点。方案要点的主要内容包括：情况判断结论、救援行动企图、人力部署和任务区分、处置原则、完成行动准备时限、指挥所开设的时间和地点等。

5. 下达救援命令

方案要点经上级批准后，指挥员应指示指挥部门及时拟制、下达机动命令和救援命令。机动命令的主要内容包括：救援人力、装备的抽组与编成，机动方式及路线，组织指挥，运力分配，出发及到达时间、地点，有关保障。救援命令的主要内容包括：情况判断结论，上级意图，本级任务和首长任务，友邻任务及与其协同的方法，各分队编成、配置和任务，完成救援准备的时限，本级指挥所开设的时间与地点。机动命令和救援命令通常分别拟制下达，也可合一拟制下达。

下达机动命令和救援命令应灵活采取多种方式，充分发挥机要保障和指挥自动化系统的作用，确保及时、准确、保密。

6. 组织协同动作

组织协同动作以执行主要任务的分队为主，依据上级的协同动作指示，按照本级协同动作计划实施。协同动作一般由指挥部门负责人组织，指挥员参加，可以利用沙盘、地图、指挥自动化系统组织，也可以在现地组织。按救援的一般进程，通常将整个抢险区分成若干相对独立的抢险单元，针对灾害险情可能的发展趋势，紧紧围绕协同重点明确各分队的具体任务和抢险方法，做到定单位、定时间、定地点、定任务、定抢险方法和信号规定。

组织协同动作后，指挥部门应及时充实完善协同动作计划，下达协同动作指示。协同动作指示的主要内容包括：协同的内容和重点、救援各阶段各分队的协同关系和协同方法、建立和派遣协同机构的时机和方法、保障协同的手段和措施、协同失调时的恢复措施、协同纪律和要求等。

7. 组织救援保障

机关各部门应根据指挥员指示要求，全力组织各种保障。指挥部门负责组织勘察、通信、机要、警戒、防护和工程技术保障。政治部门负责组织思想动员、调整充实参加救援行动分队的干部，建立健全各级党组织。后勤部门负责组织给养、运输、油料、经费、卫勤和物资、装备、器材等保障。组织救援保障应统一使用各种力量，做到各种资源略有冗余，突出抓好关键环节的重点保障。

8. 检查救援准备

指挥员和机关应对所属部（分）队的应急救援准备情况进行检查督导。主要检查五项内容：一是人员收拢、调配和装备、物资准备情况；二是各级对任务的理解程度，下级指挥员的决心、部署和抢险计划是否符合本级首长的意图；三是各单位对协同事项的熟悉程度；四是建立指挥机构和通信联络情况；五是开展动员教育和应急训练情况。

以上 8 个方面是应急救援准备的基本程序和主要内容。实战中，既要注重规范和章法，克服随意性，防止打乱仗；又要善于临机决断和随机应变，讲求因时制宜，克服教条性，提高救援效率。

二、工程抢险的实施

工程抢险的实施，是指从队伍机动到完成救援任务的整个实施过程，是实现上级决心意图的关键阶段。总队、支队指挥员必须准确掌握全局情况，实施科学指挥，确保队伍圆满完成救援任务。

（一）快速抽组机动

工程抢险救灾救急，时间就是生命，保到位就是保胜利。消防救援队伍高度分散，遂行工程抢险任务时往往要从不同地区抽组力量，必须千方百计保证队伍快速到位。要根据抽调队伍部署、机动距离、沿途情况以及储备装备、器材分布，视情采取多点向心、多路并进、多法并用方式，实施摩托化机动、铁路输送、空中输送和水路输送相结合的立体机动方式，确保人员、装备快速投送到救援现场。当预定开进路线道路损毁严重时，应视情自行组织抢修抢通，或者实施迂回突进、徒步突进。

指挥员要加强开进中的指挥，注意处理好“快”与“稳”的关系，既不能因为灾情紧急而盲目求快，导致事故；也不能一味求稳而耽误时间，使救援目标遭受更大损失。此外，还要注意解决好人装同步输送、同步到位问题。

（二）组织现地勘察

队伍到达集结地域或救援现场后，指挥员应迅速组织现地勘察。通常由指挥员和业务主管人员编成指挥员勘察组、指挥所勘察组和后方勘察组，分工负责、多点实施勘察。可采取地面勘察与空中勘察相结合的方法，重点查明受灾地域范围、地质地貌、道路通行情况；灾害险情当前态势和发展趋势以及可能的次（衍）生灾害；队伍进入救援区域的路线、展开位置、行动方向和避险地域；救援区域内重要设施、目标的分布、损毁情况以及需要采取的救援措施。勘察结束后，指挥员应及时听取各勘察组的勘察汇报，进行全面分析判断，进一步研究修订方案，力求形成最佳的救援行动方案。

（三）科学部署展开

工程抢险部署是指挥员对建制内和配属的人力、装备，按照救援目的和任务作出的区分、编组和配置。指挥员在进行人力部署和任务区分时，应紧紧围绕重点方向、重要部位、重大险情，综合运用各种救援资源，建立力量重点突出、任务分工明确、协同配合紧密的整体部署。各救援分队应力求合成编组，使其具有较强的合成救援突击力和独立救援能力。抢险中的人力展开，应根据任务类型、地形环境和地质条件灵活实施。对点型目标，可分批展开，轮替作业；对线型目标，可分段展开，对进作业；对面型目标，可分片展开，多点作业。

指挥员在确定部署时，应注重对抽调分队的专业特长，推、挖、装、运设备和专用器材的技术性能合理地加以利用；展开人力应做到周密有序、有条不紊，防止出现拥堵和混乱。

（四）封控警戒现场

为保障救援的安全顺利实施，应采取有效措施，加强对任务区域的管控，视情组织区域封控、要点控制和重要目标警戒。区域封控主要是对救援的区域实施封闭，阻止无关人员进入现场，在救援区域内组织巡逻，排查险情设施和部位。要点控制主要是对任务区域内及周边的路口、隧道、桥梁、码头等要道实施管制和调整，保障现场救援的人力、装备通行和后续投入以及增援人力、装备顺利进入救援现场。重要目标警戒主要是对任务区域内和外围的重要设施、重要物资、高危场所、抢险装备实施看守警卫，防止不法人员盗抢、破坏，处置应对可能发生的闹事、冲击行为等。

封控警戒现场要量情用人，区分责任，加强管理。执勤人员要坚持依法文明执勤，处置情况要有理有利有节，防止行为失当引发矛盾和冲突。

（五）组织救援

1. 搜救转移人员

消防救援队伍在工程抢险过程中，要坚持“救人为先”的原则，始终把人员救援作为首要任务。队伍进入任务区域后，应迅速组织人力展开人员搜寻，及时发现受困受伤人员，及时实施救助、治疗、转移。解救受困人员应因情施救、科学施救。对水困人员，应利用漂浮器材先缓解险情，再利用绳索、救生圈、钩杆、船艇等援救；对火困人员，应迅速建立、指引脱险通道，利用安全绳、消防梯、救生气垫等器材实施救助；对被压埋人员，应采取扩孔钻缝、打洞通联、掘进开挖等方法实施解救；对身处泄漏事故污染区的人员，应在专业技术人员指导下开展救援工作；对任务区内可能影响救援或遭受灾害袭击的滞留人员，应做好宣传、劝离工作，组织转移疏散。

组织人员搜救转移，指挥员要督促救援人员加强安全防护，避免自身陷入险境。疏散转移大规模受困人员时，要严密组织，防止受困人员争抢脱险导致混乱和伤亡。

2. 突击排除险情

队伍展开后，应对任务区域内的各种险情和安全隐患进行全面排查，先遏制险情加剧，以保证后续救援能够顺利实施。对火工炸药、剧毒化学品、储备油气、放射性物质等库（室），首先采取监控、防火、防泄漏措施，加固储存设施，控制减少污染，视情组织抢救抢运；对超汛限的水库、电站大坝，江河堤防，堰塞湖，首先要全面探查探测险情程度，对高危部位采取应急工程处置措施，防止危害进一步扩大；对损毁的桥梁、隧道等，首先采取支护稳固措施，拆除危险部位，并消除可能对其构成进一步危害的地质隐患；对发生井喷、油气泄漏的管道，应先将泄漏油及时转运至临时蓄油设施，在泄漏气管段布设通风设施，并根据泄漏程度，采取安装特殊管卡、木楔堵漏或引流减压。

指挥员在组织分队排险过程中，应注重加强一线技术指导力量。对重大险情，要重兵突击，重点关注，重点指导。

3. 迅速抢修抢建

组织抢修抢建应坚持先恢复功能、后逐步完善的原则，尽量减少损毁设施造成的损失。抢修抢建过程中，要不断优化调整方案，合理配置资源，合理利用时间，确保作业进度；要加强现场指挥与管理，科学调度人力、装备、物资，确保各工种、各工序紧密衔接，提高作业效率；要加强质量监控，确保质量安全；要立足自我，积极主动筹措经费物资，搞好任务保障。

在抢修抢建中，指挥员要牢牢把握进度、质量两个关键，加强对重点部位、重点环节的协调和监控，特别是对事关全局的关键环节和重要行动，要直接掌握和控制。

4. 抗击灾害侵袭

工程抢险过程，往往是原生灾害持续发展、次（衍）生灾害不断发生的过程，任务队伍必须随时做好抗击灾害险情袭击的准备。救援展开前，要充分做好人员、装备的安全防护准备；明确队伍紧急撤离的路线、方法、信（记）号和避险场所；在危险部位设立安全观察警戒哨，运用技术手段实施监控监测，随时掌握险情变化并发出预警信号。在救援过程中，要坚持尊重科学、尊重规律、科学施救，严格按照技术方案和操作规范实施救援。当遭遇超出人力所及、不可抗拒的灾害险情时，要立即采取果断措施组织队伍紧急避险；当救援官兵陷入险境时，要千方百计展开自救和求救。

在救援过程中，指挥员要全程关注救援官兵的自身安全，全程督促救援官兵加强险情监控和自身防护；指挥队伍抗击重大灾害险情袭击时，要沉着冷静，科学应对，确保把队伍带出险境，严防发生群死群伤。

三、组织换班和撤离

（一）组织队伍换班

换班是一个单位替换另一个单位执行救援任务的过程。在遂行大规模、高强度、长时间应急救援任务中，为保持队伍有持续救援能力，应视情、适时组织换班。换班组织复杂，往往在有限的空间和恶劣环境中实施交、接班，人力、装备比较密集，容易混乱，指挥协同内容多、头绪杂、要求高，必须周密计划，充分准备，稳妥实施。组织换班的主要程序和工作如下。

1. 制定换班计划

通常，换班队伍指挥员应率必要人员到交班队伍了解灾情、任务、人力部署、保障条件等情况，与交班队伍指挥员共同制定换班计划。主要内容包括：交、接各队伍的对口单位和位置，接班队伍的出发地域、路线，道路的区分、使用与维修措施，换班的时间、顺序、方法，指挥组织、关系及协同事项，调整勤务的组织，加强队伍转隶的数量、时间和方法，遇有情况的处置方案，需要交接的装备、物资等。

2. 下达换班命令

指挥员应适时向各队伍下达换班命令。主要内容包括：灾害险情情况，上级意图和本级任务，各队伍任务和机动路线、队形、分进点和展开区，友邻情况，换班开始和结束时间，指挥所的位置，各级指挥员报告情况的方法和要求。

3. 搞好换班指挥

通常由交、接班队伍指挥员和指挥机关部分人员，共同组织换班期间的指挥。在换班过程中，一般由交班队伍指挥员负责指挥；当接班队伍主要力量与交班队伍对口单位换班完毕后，由接班队伍指挥员负责指挥。

4. 进行任务交接

接班队伍按照预定路线开进，有序进入各自的换班地域后，交班队伍指挥员要按计划向接班队伍指挥员进行任务交接。内容通常包括：移交任务区域，转隶配属的力量，移交有关装备、物资、器材和接班队伍需要的资料、技术方案等。

5. 换班中的情况处置

队伍换班时应当保持高度戒备；突发重大灾害险情时，应停止换班，以交班队伍指挥员为主、接班队伍指挥员协助，统一指挥换班队伍处置，待险情排除后再组织换班。换班完毕，双方分别向上级报告。

（二）组织队伍撤离

撤离是队伍撤出任务和撤离现场的过程。撤离通常有两种情况：一是根据上级命令指示，为执行其他应急救援任务，从当前行动中撤出；二是完成一项救援任务后，将队伍撤离现场，到指定地域集结待命。

组织撤离应坚持预有准备的原则，根据救援的进程，及早拟制撤离预案，以免临机混乱，陷入被动。在撤离过程中，要视情采取集中撤离、分散撤离或者一次性撤离、逐次撤离等方式方法，精心计划，周密组织，确保安全。组织撤离的主要程序和工作如下。

1. 制定撤离计划

撤离计划是为达成撤离现场而确定的周密部署和各种保障措施。主要内容通常有：撤离目的与要求；各队伍撤离的过程部署，包括撤离的时间、地点、顺序、路线、方式、方法，撤离中的通信、道路、运输等保障措施。

2. 下达撤离命令

撤离决心经上级批准后，指挥员应及时下达撤离命令。撤离命令通常应明确六项内容：一是各队伍撤离的时间、地点、顺序、路线和方法，到达指定地域的位置、时限及工作；二是现场清理的任务与方法；三是伤员、物资、装备、器材后送的方法；四是指挥、通信联络和警备调整勤务的组织及各种保障；五是完成撤离准备工作时限及注意事项；六是指挥所的位置及撤离时间。

3. 现场清理与警戒

现场清理与警戒是队伍撤离前的一项重要工作，通常成立专门的指挥小组和分队，统一组织实施。主要任务是对队伍抢救的物资、地方支援的设备器材等进行清点、登记，做好向有关部门移交的工作。根据实际需要并报经上级同意，对任务区域的重要目标和设施实施临时警戒和保护。

4. 指挥撤离

在撤离过程中，指挥员要注意全面掌握情况，及时处理重大问题。指挥位置要尽量靠前，指挥机关的主要人员要深入现场进行组织协调，必要时指挥员应亲临现场指挥。指挥撤离时，既要严格按照撤离计划行动，又要根据情况变化实施灵活指挥。指挥员要特别重视撤离的输送保障，确保队伍人员、装备和物资器材安全撤离到指定集结地域。撤离结束后，应及时组织总结并上报有关情况。

思考题

1. 何谓工程抢险？
2. 工程抢险的特点是什么？

3. 工程抢险的准备工作有哪些?
4. 工程抢险的实施工作有哪些?
5. 工程抢险的组织换班和撤离工作有哪些?
6. 结合所学知识，谈一谈如何在未来任职中科学处理好工程险情。

第二章　工程抢险基础技术

工程抢险技术是应对自然灾害和事故灾难的重要手段之一，只有科学地运用工程抢险基础技术，才可以提高抢险救援的效率和成功率，最大限度地减少灾害损失。工程抢险基础技术，不仅是抢险技术层面的深入探索，更是对工程抢险职业精神与人生哲学的深刻诠释。在学习这些基础技术时，我们要注意去挖掘每一项技术背后的责任与使命，就像追求其中蕴含的工匠精神一样。每一项工程抢险基础技术的运用，都需要我们坚守初心，精益求精，不断追求卓越与完美。这不仅是对技术的尊重，更是对生命的敬畏。通过学习这些技术，我们不仅要提高自己的专业能力，更要培养一种对事业、对人生负责的态度，始终保持对理想的追求和对职责的坚守。

第一节　水流控制技术

水流控制技术是一项工程抢险基础技术，特别是在进入 21 世纪后得到了广泛的运用，如在 2008 年唐家山堰塞湖处理、2010 年唱凯堤决口封堵等抢险施工中得到了很好的运用。灵活掌握该技术，对抢险救援任务的完成具有十分重要的意义。一方面，水流控制技术在抢险救援时对建筑物的修建、拆除以及决口封堵工作的开展提供有效的技术支持。另一方面，水流控制技术的研究和提高，也同样可为综合性的工程抢险应用技术的研究提供帮助，并为工程抢险提供了很好的技术理论支撑和研究基础。

一、导流施工

导流施工作为施工水流控制的工程措施，是保证干地施工和施工工期的关键。此外，导流施工技术在堤防决口抢险和城市内涝排水工作中也得到了广泛应用。下面就如何实现在整个施工过程中保证干地施工来研究水流控制相关方面的内容。

（一）导流施工的概念

水工建筑物一般都在河床上施工，为避免河水对施工的不利影响，创造干地施工条件，需要修建挡水建筑物围护基坑，并将原河道中各个时期的水流通过预先修建好的泄水建筑物按预定方式导向下游。这项工作就叫导流施工。

（二）导流施工建筑物

1. 导流挡水建筑物

为了保证水工建筑物能够在干地施工，用来围护施工基坑，把施工期间的径流挡在基坑外的临时建筑物叫导流挡水建筑物，通常情况下也叫围堰工程。在导流任务完成以后，如果围堰对永久性建筑物的运行有妨碍或没有考虑作为永久性建筑物的组成部分，应予拆除。围堰主要有以下几种分类。

（1）按其所使用的材料可分为土围堰、土石围堰、钢板桩围堰、混凝土围堰、竹笼围堰和草土围堰等。

（2）按其与水流方向的相对位置可分为横向围堰和纵向围堰。

（3）按其与坝轴线相对位置可分为上游围堰和下游围堰。

（4）按施工分期可分为一期围堰和二期围堰等。

（5）按导流期间基坑淹没条件可分为过水围堰和不过水围堰。过水围堰除需要满足一般围堰的基本要求外，还要满足堰顶过水的专门要求。

为了能充分反映某一围堰的基本特点，实践中常以组合方式对围堰命名，如一期下游横向土石围堰、二期混凝土纵向围堰等。

2. 导流泄水建筑物

在保证水工建筑物始终处于干地施工，用来将此期间的径流排向下游而不影响主体工程正常施工的建筑物叫导流泄水建筑物。导流泄水建筑物的种类主要按位于河床外与河床内进行划分，河床外主要有明渠、隧洞、涵管、渡槽等，河床内主要有大坝底孔、坝体缺口、电站厂房等，最常用的为明渠和隧洞。

导流采用何种泄水建筑物，则可利用此泄水建筑定义导流的方式，如利用明渠进行导流，则称为明渠导流，以此类推。

（三）导流施工的基本方法

导流施工的基本方法主要包括全段围堰法和分段围堰法两种。

1. 全段围堰法

1）基本概念

首先利用围堰拦断河床，将河水逼向在河床以外临时修建的泄水建筑物，并流往下游。因此，该法也叫一次拦断法或河床外导流法。

全段围堰法是在离河床主体工程的上、下游一定距离的地方各建一道拦河围堰，使河水经河床以外的临时或者永久性泄水道下泄，主体工程就可以在排干的基坑中施工，待主体工程建成或者接近建成时，再将临时泄水道封堵。

2）主要优点

当施工现场的工作面比较大时，主体工程在一次性围堰的围护下就可以建成。如果在枢纽工程中，能够利用永久性泄水建筑物结合施工导流时，采用此法往往比较经济。

3）适用条件

该法一般应用在河床狭窄、流量较小的中小河道上。在大流量的河道上，只有地形、地质条件受限，明显采用分段围堰法不利时才采用此法导流。

2. 分段围堰法

1）基本概念

分段围堰法施工导流，就是利用围堰将河床分段、分期围护起来，让河水从缩窄后的河床中下泄的导流方法，也叫分期围堰法或河床内导流法。分期，就是从时间上将导流划分成若干个时间段；分段，就是用围堰将河床围成若干个地段。一般分为两期两段。

2）主要优点

分期进行时，导流建筑的标准较低，因此导流施工所需要的费用较低；另外，后期永久性建筑物主体工程施工时可利用前期事先修建好的泄水道或未完建的永久性建筑物导流。

3）适用条件

一般适用于河道比较宽阔，流量比较大，施工时间比较长的工程。在通航的河道上，往往不允许出现河道断流，这时，分段围堰法就是唯一的施工导流方法。

二、截流施工

截流施工技术是快速拦截水流并控制水流安全导向下游的一项施工技术，主要用于水利工程施工中的导流规划和水流控制。但随着堤坝决口险情的不断出现，截流施工技术在决口封堵中同样发挥了重要作用，特别是在2010年江西抚河唱凯堤决口封堵中得到了全面运用。

（一）截流施工的概念

在施工导流过程中，在导流泄水建筑物建成以后，利用有利时机，迅速截断原来的河床水流，并迫使河水改道而经过预定的泄水建筑物下泄的工作，就叫河道截流，也叫截流施工。

截流若不能按时完成，整个围堰内的主体工程都不能按时开工。一旦截流失败，造成的影响更大。所以，截流在施工导流中占有十分重要的地位。施工中，一般把截流作为施工过程的关键问题和施工进度中的控制项目。

为了保证截流成功，事先必须做好周密的设计。对于重要过程，一般都要做截流模型试验。在截流开始之前，要做好器材、设备、方案和组织上的充分准备，以便截流时，能够集中全力，一气呵成。

（二）截流施工的过程

截流施工的全过程主要包括戗堤进占、裹头处理、龙口合龙、全线闭气4个步骤。

1. 戗堤进占

从河床的一侧或者两侧向河中填筑截流戗堤，并不断推进的过程叫戗堤进占，也可简称为进占。戗堤进占可分为单向进占和双向进占。

戗堤：截流过程中抛投料的堆筑体，即土石围堰中用来截流的那部分堤防。戗堤的加高培厚便形成了围堰。

如果进占在同一个戗堤上进行，则叫作单戗堤进占；否则为双戗堤、三戗堤进占等。

2. 裹头处理

当戗堤进占到一定程度，正常的抛投料已无法满足进占要求时，为了防止戗堤端头被高速水流冲毁而实施的防护过程叫裹头处理。

裹头处理必须对戗堤端头增设防冲设施（如大块石、钢筋笼、铅丝笼等）予以加固。而与此同时也形成了一个流速较大的临时过水缺口，叫作龙口。

3. 龙口合龙

对龙口进行封堵的工作叫作龙口合龙，也称截流。

龙口合龙是截流过程中最关键的一个环节，其难度也是任何一个过程不能相比的，也需要大块体材料，与裹头处理相比要求更高。因此，龙口合龙有两种基本方法（也称截流的基本方法）：立堵法和平堵法。

1）立堵法

这种方法是从龙口的一端向对岸，或者从龙口的两端向中间逐步抛投进占，逐渐束窄河床，直到将龙口水流截断而封闭龙口。此过程是戗堤进占的延续。

（1）优点：不需要架设桥梁，准备工作比较简单，造价比较低。

（2）缺点：龙口处单宽流量大，流速大，流速分布不均，在龙口封堵的最后阶段，需要用单个重量比较大的截流材料。由于工作前沿狭窄，抛投强度受限制，施工进度比较慢。

立堵法截流在我国一直作为一种主要的截流方法，一般适用于大流量的情况。

2）平堵法

平堵法是在龙口上架设浮桥、栈桥或者利用驳船，可以沿着龙口全线同时抛投截流材料，使抛投体从河底开始逐层全面上升，直到露出水面。

（1）优点：龙口处的单宽流量比较小，流速分布比较均匀，截流材料的单个重量也比较小，截流时，工作线长，抛投强度大，施工进度比较快。

（2）缺点：由于需要搭设桥梁，因此造价比较高，一般在软基河床上且能够架桥时采用。

4. 全线闭气

全线闭气就是在戗堤全线设置防渗设施的工作。因为龙口合龙完成后，戗堤其本身是漏水的，不做防渗就无法保证水电工程在干地上进行施工。

三、基坑排水

基坑排水工作是水流控制施工组织中的关键环节，但往往易被忽视。许多工程在组织基坑排水工作时，由于对围堰和基础的防渗处理缺乏周全的考虑，不仅导致了排水费用的显著增加，还可能造成基坑淹没，甚至延误工期。此外，基坑排水技术在城市内涝排水工作中也得到了广泛应用。

（一）基坑排水的概念

为保持基坑基本处于干燥状态，以利于基坑开挖、地基处理及建筑物的正常施工，在截流戗堤合龙、闭气以后，及时排除基坑内的积水和渗水等工作就叫作基坑排水。

（二）基坑排水的常见分类

1. 按排水的时间和性质分类

1）初期排水

初期排水是指围堰合龙闭气后接着进行的排水，水的来源是：修建围堰时基坑内的积水、渗水、雨天的降水。

2）经常排水

经常排水是指在基坑开挖和主体工程施工过程中经常进行的排水工作，水的来源是：基坑内的渗水、雨天的降水、主体工程施工的废水等。

2. 按排水的方法分类

1）明式排水法

明式排水法是指在基坑开挖和建筑物施工过程中，在基坑内布设排水明沟，设置集水井、抽水泵站，而形成的一套排水系统，又叫明沟排水法。

2）暗式排水法

在基坑开挖之前，在基坑周围钻设滤水管或滤水井，在基坑开挖和建筑物施工过程中，从井管中不断抽水，以使基坑内的土壤始终保持干燥状态的做法叫暗式排水法，又叫人工降低地下水位法。

（三）基坑排水的基本方法

1. 明式排水方法

1）初期排水

（1）水量估算。选择排水设备，主要根据需要排水的能力，而排水能力的大小又要考虑排水时间安排的长短和施工条件等因素。通常按式（2-1）估算：

$$Q = \frac{kV}{T} \tag{2-1}$$

式中　V——基坑积水体积，m^3；

T——初期排水时间，h；

k——经验系数，一般取2~3，主要与围堰的种类、基坑地基特性、排水时间等因素有关。

（2）排水时间选择。排水时间的选择受水面下降速度的限制，而水面下降允许速度要考虑围堰的型式、基坑土壤的特性、基坑内的水深等情况，水面下降慢，影响基坑开挖的开工时间；水面下降快，围堰或者基坑的边坡中的水压力变化大，容易引起塌坡。因此水面下降速度一般限制在每昼夜0.5~1.0 m的范围内。当基坑内的水深已知，水面下降速度确定的情况下，初期排水所需要的时间也就确定了。

（3）水泵站布置。根据初期排水要求的能力，可以确定所需要的排水设备的容量。排水设备一般用普通的离心水泵或者潜水泵。为了便于组合，方便运转，一般选择容量不同的水泵。排水泵站一般分为固定式和浮动式两种：浮动式泵站可以随着水位的变化而改变高程，比较灵活；若采用固定式，当基坑内的水深比较大的时候，可以采取将水泵逐级下放到基坑内不同高程的各个平台上的方式，进行抽水。

①固定式布置：当水泵吸水高度足够时，可以将泵站布置在堰上；当水泵吸水高度不够时，可以将泵站安置在基坑内较低的固定平台上。

②可移动式布置：水泵沿基坑水位下降进行可调整下移，确保满足吸水高度。

③浮动布式布置：将水泵放在浮船等可浮物上，水泵将根据水位下降而下降。

2）经常性排水

主体工程在围堰内正常施工的情况下，围堰内外水位差很大，外面的水会向基坑内渗透，雨天的雨水、施工用的废水等，都需要及时排除，否则会影响主体工程的正常施工。因此经常性排水是不可缺少的工作内容。

（1）水量估算。为选择不同能力的排水设备，需要对水量进行估算，估算内容主要包括渗透流量、降雨量以及施工废水等。通常按式（2-2）估算：

$$Q = Q_1 + Q_2 + Q_3 \tag{2-2}$$

式中 Q_1——渗透流量，m^3/h，包括围堰及基坑渗透流量，主要与基坑面积、土壤性质、基坑深度、围堰防渗体施工质量、水头等因素有关；

Q_2——降雨量，m^3/h，采用抽水时段内最大日降雨量资料；

Q_3——施工废水，m^3/h，主要包括基岩冲洗及混凝土养护的废水。

（2）排水系统布置。

①基坑开挖过程中的排水系统布置：要求不妨碍开挖和运输工作。

②建筑物修建时的排水系统布置：通常布置在基坑四周，且在基坑外缘设排水沟或截水沟。

2. 暗式排水方法

暗式排水方法就是在基坑周围设一些井，地下水渗透入井中随即被集中抽排走，使基坑范围内的地下水位降到开挖的基坑底面以下。

该方法一般用在基坑为细砂土、砂壤土的地基，以防止受地下动水压力作用产生滑坡、坑底隆起等破坏现象而影响建筑物正常施工。

该方法主要包括管状滤水井法（也叫管井排水法）和针状滤水器法（也叫井点排水法）两种方法。

1）管井排水法

（1）基本原理。在基坑的周围钻造一些管井，管井的内径一般为20~40 cm。地下水在重力作用下，流入井中，然后，用水泵进行抽排。抽水泵有普通离心泵、潜水泵、深井泵等，可根据水泵的不同性能和井管的具体情况选择。

（2）管井布置。管井一般布置在基坑的外围或者基坑边坡的中部，管井的间距应根据土层渗透系数的大小来确定，渗透系数小的，管井间距小一些；渗透系数大的，管井间距大一些，一般为 15~25 m。

（3）管井组成。管井施工方法就是农村打机井的方法。管井包括井管、外围滤料、封底填料三部分。井管无疑是最重要的组成部分，它对井的出水量和可靠性影响很大，应具备过水能力大、进入泥沙少、有足够的强度和耐久性的特点。因此一般用无砂混凝土预制管，也有的用钢制管。

（4）管井施工。管井施工多用钻井法和射水法。钻井法先下套管，再下井管，然后一边填滤料，一边拔出套管。射水法是用专门的水枪冲孔，井管随着冲孔下沉。这种方法主要是注意根据不同的土壤性质选择不同的射水压力。

2）井点排水法

井点排水法分为轻型井点、喷射井点、电渗井点三种类型，它们都适用于渗透系数比较小的土层排水，其渗透系数都在 0.1~50 m/d。但是它们的组成比较复杂，如轻型井点就由井点管、集水总管、普通离心式水泵、真空泵、集水箱等设备组成。当基坑比较深、地下水位比较高时，还要采用多级井点，因此需要设备多，工期长，基坑开挖量大，一般不经济，在一般工程中采用较少，故在此不再作介绍。

四、水流控制技术运用

（一）导流施工技术运用实例

1. 三峡工程实例分析

1）一期导流

一期围右岸，后在长江上、下游及沿中堡岛左侧修筑一期土石围堰，全长 2502.36 m，形成一期基坑，开挖并浇筑混凝土导流明渠，浇筑混凝土纵向围堰及三期碾压混凝土围堰 50~58 m 高程以下基础部分；施工期间江水及船只均仍由主河床泄流和通行。导流明渠宽 350 m，全长 3400 m，纵向围堰全长 1190.57 m，在左岸同时修建临时船闸。

2）二期导流

拆除一期上、下游横向围堰后，再围左岸即主河床修建二期上、下游横向围堰，与纵向混凝土围堰连接形成二期基坑，然后进行河床泄洪坝段、左岸厂房坝段及电站厂房施工。施工期间江水由已修建好的明渠泄流，船只由明渠及左岸临时船闸通行。

上、下游围堰为风化砂和堆石料土石围堰。上游横向围堰顶高程 88.5 m，最大堰高 80 m，采用低双塑性混凝土防渗墙方案。下游围堰顶高程 87.2 m，最大堰高 73 m，采用单排塑性混凝土防渗墙并上接土工薄膜斜墙方案。上、下游围堰总土石填量 1240 万 m^3，混凝土防渗墙面积总计 9 万 m^2。

3）三期导流

待主河床左岸大坝混凝土均浇筑至 158 m 设计高程，2002 年汛后拆除二期上、下游横向土石围堰，再围右岸导流明渠。修建上、下游三期土石围堰，保护基坑及三期碾压混凝土高围堰干地施工。待碾压混凝土高围堰浇至 140 m 设计高程时，水库开始蓄水至 135 m 高程，左岸电站厂房内第一批机组投入运行发电。同时在三期基坑内完建明渠厂房坝段及电站厂房等右岸主体工程。三期导流期间，江水由河床泄洪坝段设置的导流底孔和永久深孔下泄，船只由左岸临时船闸和已完建的永久船闸通行。

三期碾压混凝土高围堰采用重力式断面型，顶高程 140 m，最大堰高 124 m，混凝土总方量 168 万 m^3，分两期施工：50~58 m 高程（导流明渠底高）以下基础部分 404 万 m^3 于第一期内完成，余下 90 m 堰高 127.6 万 m^3 混凝土在三期土石围堰的保护下完成。其中三期上游土石围堰只挡 4 月份洪水，待碾压混凝土高围堰完建后其挡水功能失效，在失效前与下游土石围堰一起保护三期上游碾压混凝土高围堰干地施工。三期下游土石围堰顶高程 81.5 m，与三期上游碾压混凝土高围堰、混凝土纵向围堰形成三期基坑，保护右岸厂房坝段施工。

归纳以上水流控制的三个步骤，可以得出：三峡工程最终采用的是两段三期导流，分段以中堡岛为界，第一期（1994—1997 年）围右岸，水流与船只均从束窄后的主河床下泄及通行；第二期（1998—2002 年）围左岸，水流从修建好的明渠下泄，船只从修建好的明渠和左岸临时船闸通行；第三期（2003—2009 年）又围右岸，水流从大坝的泄洪坝段中的底孔下泄，船只从左岸临时船闸及修建好的船闸通航。

2. 堰塞湖抢险实例分析

1）2008 年唐家山堰塞湖

经过现地勘察，周边没有可用的导流泄水建筑物，最终采用了在堰塞体上开挖泄流槽（有爆破开挖和机械开挖两种）进行导流，同时利用水力学中的溯源冲刷原理以达到对堰塞体实现开挖搬运的目的。

2）2014 年红石岩堰塞湖

经过现地勘察，周边存在可用的天花板和黄角树两个水电站，位于堰塞湖的下游，可加大下泄流量，尽量腾出库容；同时在堰塞湖上游有沾益区德泽水库，可存蓄一部分上游来水。但这些措施并不是彻底解决问题的办法，只能起到缓解险情加大的目的，可为抢险赢得更多的时间。最终方案为在堰塞体上完成开挖泄流槽的基础上，再新建一个泄洪洞，以增加排泄能力，有效降低堰塞湖水位和溃坝风险，为堰塞湖排险再上一道保险。

（二）截流施工运用实例

1. 2010 年江西抚河唱凯堤决口基本情况

2010 年 6 月下旬，江西省遭遇了 50 年一遇的洪涝灾害。21 日 18 时 30 分，抚州市临川区唱凯堤、福银高速与抚河交汇上游堤段、抚河右岸桩号 33+000 处发生决口，决口从最初的 60 m 扩大到 100 m、300 m，到 22 日早已扩大到 400 m。

出险主要有三个方面的原因：一是超标洪水；二是堤坝标准不高且长期浸泡；三是河道缩窄，同时受水流顶冲作用。

2. 唱凯堤决口封堵的过程

1）第一次裹头处理

在决口封堵开始之前，为了防止决口处两端堤防被水流进一步冲毁扩大，需要在冲毁堤端头迅速增设防冲设施（如大块石、铅丝笼等）予以稳固。其目的是守住抢险阵地，为等待抢险力量增援和抢险方案的制定以及进一步调整赢得时间。

2）戗堤进占

戗堤进占就是从决口的一侧或者两侧向决口处填筑封堵戗堤的推进过程，分为单向戗堤进占和双向戗堤进占。其中唱凯堤决口封堵最早采用的方案是单向戗堤进占。由于打通对岸道路后，实现了双向戗堤进占的条件，最终为抢险赢得了近一半时间，最大限度地减少了受灾损失。

3）第二次裹头处理

第二次裹头处理是指当戗堤进占到一定程度、正常的封堵抛投料已无法满足戗堤进占要求时，为了防止已形成的戗堤端头被高速水流冲毁而实施的防护过程。也需要在戗堤端头迅速增设防冲设施（如大块石、铅丝笼等）予以稳固。与第一次裹头处理相比，其目的是巩固戗堤进占封堵的成果。

随着决口口门的不断缩小，此时也形成了一个流速较大的临时过水缺口，叫作龙口。在1998年长江大堤决口中形成的决口口门即为龙口，正常开采的土石抛投料无法满足进占要求。

4）龙口合龙

龙口合龙就是对龙口进行快速封堵的过程。龙口合龙是决口封堵成功与否的关键环节，其难度也是任何一个过程不能相比的，也需要大块体材料，与裹头处理相比要求更高。两种方法在不同抢险中其运用也不相同，主要是根据决口险情的实际情况，如在唱凯堤决口封堵龙口合龙中采用了立堵法，而在1998年长江大堤决口中封堵龙口合龙中采用沉船平堵和土石料立堵的综合法；有些地方也可采用直升机吊运大块体（如十几吨至几十吨的土石包）实施平堵法。

5）全线闭气

全线闭气就是在封堵戗堤全线设置防渗设施的工作。其目的主要是防止渗透破坏而再次发生决口，此全线闭气只是进行临时性处理，灾后重建时还需要进行详细的研究认证和规划设计。

3. 截流施工与决口封堵对比

截流施工与决口封堵对比见表2-1。

表2-1 截流施工与决口封堵对比表

对比	截流施工	决口封堵
条件	需要修筑泄水建筑物，枯水期	不需要修筑泄水建筑物，洪水期
目的	尽快形成基坑，保证干地施工	尽快形成防护堤，最大限度减少灾害损失

表 2-1（续）

对比	截流施工	决口封堵
手段	迅速截断水流	迅速截断水流

第二节　工程爆破技术

工程爆破技术是一种高效且实用的工程施工技术，广泛应用于开挖基坑和地下洞室，以及石料开采、土方松动、导流截流、水下爆破和物体拆除等领域。同时，它也是一种工程抢险基础性技术。在过去几十年中，工程爆破技术在自然灾害抢险中发挥了至关重要的作用，如道路抢通、堰塞湖处理、危险建筑物拆除等抢险施工。工程爆破技术的特点在于其能够完成一些当前机械设备难以完成的任务，从而在关键时刻发挥重要作用。因此，掌握并灵活运用爆破技术对抢险救援任务的顺利完成具有重要意义。

一、爆破原理

（一）爆破的概念

利用炸药的爆炸能量对周围的岩土、混凝土以及钢构等物质进行破碎、折断、抛掷或压缩，以达到预定的开挖、填筑、拆除或处理等目的的作业过程称为爆破作业，可简称为爆破。

（二）爆破的作用效果

爆破的作用效果主要是通过有限和无限两种均匀介质来进行研究。

1. 无限均匀介质

在无限均匀介质中的爆破相当于将药包埋置很深而其爆破作用达不到临空面的爆破。

在这种理想介质中的爆破作用，冲击波以药包为中心，呈同心球向四周传播，能量及作用均越来越小，直至全部消失。

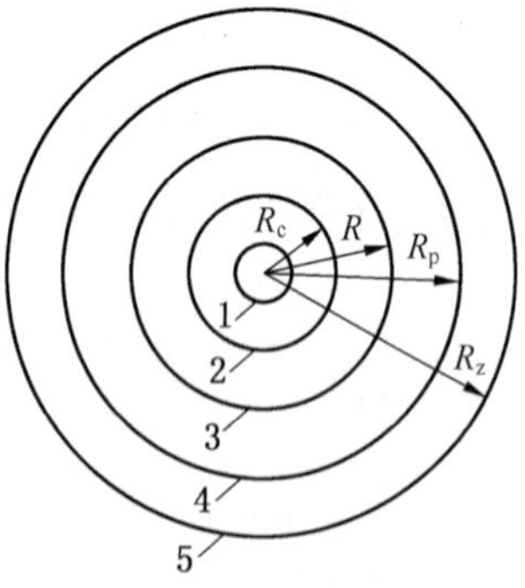

1—药包；2—压缩圈；3—抛掷圈；4—松动圈；5—震动圈

图 2-1　爆破作用原理图

（1）临空面：是指爆破介质与空气接触的表面，此介质表面即临空面。

（2）爆破圈：根据爆破作用影响范围进行设置，主要包括压缩圈（粉碎圈）、抛掷圈、松动圈和震动圈，如图 2-1 所示。

（3）压缩圈（粉碎圈）：紧邻药包的部分介质若为塑性介质，将受到压缩形成一空腔；若为脆性介质，将遭受粉碎形成粉碎圈。其对应的半径叫压缩半径，用 R_c 表示。

（4）抛掷圈：压缩圈外具有抛掷势能的介质，其对应的半径叫抛掷半径，用 R 表示。

（5）松动圈：爆破作用只能使其破裂松动，属抛掷圈外围的一部分介质，其对应的半径叫压缩半径，用 R_p 表示。

（6）震动圈：松动圈以外的介质，随着冲击波的进一步衰弱，只能使这部分介质产生震动，其对应的半径叫压缩半径，用 R_z 表示。

2. 有限均匀介质

在有限均匀介质中的爆破相当于药包埋置较浅，其爆破作用能够达到临空面的爆破，亦即爆破作用半径能够到达临空面的爆破。用于工程或抢险等的爆破多属于这种爆破。

爆破漏斗：由于药包的爆破能量作用使部分破碎介质能够抛向临空面方向，往往形成了一个倒立圆锥体的爆破坑，形似漏斗，故称为爆破漏斗，如图 2-2 所示。

爆破漏斗的几个几何特征参数：最小抵抗线 W，爆破漏斗底半径 r，爆破破坏半径 R，可见漏斗深度 P，抛掷距离 L。

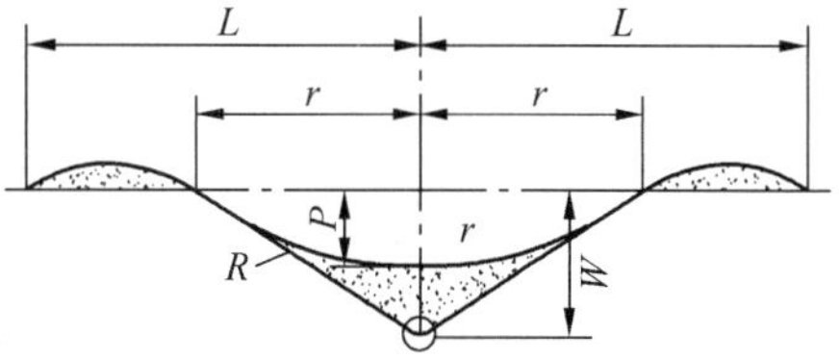

r—漏斗半径；R—爆破作用半径；W—最小抵抗线；P—药包埋置深度；L—抛掷距离

图 2-2　爆破漏斗图

（三）爆破作用指数的分类

爆破作用指数 $n = r/W$ 能反映爆破漏斗的特征，它是爆破设计中最重要的参数。n 值大，爆破漏斗呈宽浅式；n 值小，爆破漏斗呈窄深式，甚至不出现爆破漏斗。因此工程应用中通常根据 n 值的大小对爆破进行分类。

当 $n = 1$ 即 $r = W$ 时，称为标准抛掷爆破；

当 $n > 1$ 即 $r > W$ 时，称为加强抛掷爆破；

当 $0.75 < n < 1$ 即 $r < W$ 时，称为减弱抛掷爆破；

当 $0.33 < n \leqslant 0.75$ 时，称为松动爆破。

不因爆破使临空面产生破坏的爆破，叫隐藏式爆破，也叫内部爆破，可用于炸胀药壶，也叫爆破扩孔。

（四）药包种类及装药量计算

1. 药包种类

爆破效果和所用成本都与药包大小（装药多少）相关，药包的类型不同，爆破效果不同。根据爆破作用指数的不同可以将药包分别叫作标准抛掷药包、加强抛掷药包、减弱抛掷药包、松动药包等。

真正的药包种类是按形状来区分的，主要可分为集中药包和延长药包。具体可通过药包的最长边 L 和最短边 a 的比值来进行划分：当 $L/a \leqslant 4$ 时为集中药包；当 $L/a > 4$ 时为延长药包。

对于大爆破，采用洞室装药，常用集中系数 n 来区分药包类型，大于等于 0.41 时为集中药包，反之为延长药包。

实际工程要结合现场条件，吸取成功经验，选择符合实际情况的计算方法。

2. 装药量计算

（1）单个集中药包装药量计算见公式（2-3）：

$$Q = KW^3 f(n) \tag{2-3}$$

式中　K——规定条件下的标准抛掷爆破的单位耗药量，kg/m^3；

W——最小抵抗线，m；

$f(n)$——爆破作用指数函数，标准抛掷爆破为1，加强为 $0.4 + 0.6n^3$，减弱为 $(4 + 3n)^3/21$，松动为 n^3。

（2）延长药包（一般钻孔爆破采用）装药量计算见公式（2-4）：

$$Q = qV \tag{2-4}$$

式中　q——钻孔爆破条件下的单位耗药量，kg/m^3；

V——钻孔爆破所需爆落的方量，m^3。

注意：两公式中 q 与 K 两参数是有区别的，前者是一次群药包爆破总药量与总爆落方量的比值，而后者是规定条件下标准抛掷单个药包爆破总药量与总爆落方量的比值。

在爆破试验中，我国是以2号岩石铵梯炸药作为标准炸药来确定单位耗药的。如果试验中是采用非标准炸药，则须用炸药换算系数 e 对确定的单位耗药量进行修正。

总之，装药量的多少，主要取决于爆破岩石的体积、爆破漏斗的规格和其他有关参数，但是并未反映出爆破质量、岩石破碎块度等要求，必须在实际应用中根据现场具体条件和技术要求加以必要的修正。

二、爆破机具与器材

（一）钻孔机具

爆破作业中，钻孔消耗的时间占爆破作业各工序总时间的50%以上，其费用占总费用的70%以上。因此，钻孔的效率和质量在很大程度上取决于钻孔机具，主要包括风钻、回转钻、冲击钻和潜孔钻四种。

1. 风钻

风钻是一种风动冲击式凿岩机，使用压缩空气作为动力，使钻头产生冲击作用而破岩成孔。浅孔作业多用轻型手提式，主要用于向下钻铅直孔；向上及倾斜钻孔则多采用重型支架式，耗风量一般为2~4 m^3/min。主要为YT系列，带液压腿的为YTP型。

2. 回转钻

回转钻是一种在电动作用下利用钻杆回转钻进的钻机，它可以在使用岩心管时取出整段岩心，故又称为岩心钻机，主要为XJ系列，常以最大钻孔深度表示钻机型号。

回转钻机钻孔孔径的大小主要是通过钻杆端安装大小不同的钻头来实现。可钻倾斜孔且钻进速度快。

3. 冲击钻

冲击钻是利用悬挂在钢索上的钻具，借助偏心的传动机构完成向上提升和向下冲击动作，从而凭钻具自重下落冲击岩石成孔的钻机。

只能钻铅直向下的孔的冲击钻，主要为 CZ 系列，钻具的自重和落高是机械类型的控制参数。

4. 潜孔钻

潜孔钻的冲击机构和钻头一起潜入孔底进行作业，靠冲击和回转联合破碎岩石。

潜孔钻凿岩效率高、噪声低，可钻倾斜炮孔，钻孔效率很高，主要为 YQ 系列，是一种通用、功能良好的深孔作业的钻孔机械。

（二）工业炸药

工业炸药的性能和质量对爆破效果和安全有直接的影响，因此它应满足如下要求：具有良好的爆炸性能，有足够的爆炸威力；感度适中，既能保证制造、运输和使用时的安全，又能较方便地起爆；爆炸时产生的有毒气体量少；性能稳定，在规定的贮存期内不易变质失效；原料来源丰富，生产简单，成本低。

1. 炸药分类

炸药分类的方法很多，常用的分类方法有三种，即按炸药的用途、炸药的使用场合和炸药的组成分类。

1）按炸药的用途分类

（1）起爆药是一种对外界作用特别敏感的炸药，常用来引爆其他炸药，主要用于工业雷管的主装药（正起爆药）。

（2）猛炸药与起爆药相比，比较稳定，通常要在一定的起爆源（如雷管）作用下才能爆轰。它是用于爆破作业的主要材料之一。猛炸药能对周围介质产生强烈的破坏作用。

（3）火药是一种反应速度较慢，只能进行燃烧反应和推进做功的混合物。主要有黑火药、无烟火药（硝化纤维火药）。

2）按炸药的使用场合分类

（1）露天炸药。露天炸药适用于露天爆破，由于露天爆破用药量大，而且空间开阔，通风条件好，可允许产生一定量的有毒气体。

（2）岩石炸药。岩石炸药适用于无瓦斯、矿尘爆炸危险的井下矿山或隧道等地下爆破。由于井下和隧道中空间小，通风条件较差，必须严格限制有毒气体的生成量。

（3）煤矿许用炸药。煤矿许用炸药主要用于有瓦斯、矿尘爆炸危险的矿井中，因此除了要求炸药有毒气体生成量必须符合规定的标准外，还得保证它爆炸时不会引爆一定浓度的瓦斯或矿尘，在这类炸药中要加入 2%～12% 的食盐作为消焰剂。

（4）特种炸药。特种炸药是在特殊场合下使用的炸药，如耐热炸药、塑性炸药、挠性炸药等。

3）按炸药的组成分类

（1）单体炸药。单体炸药由单一的化合物组成，多数是分子内部含有氧的有机化合物，在一定的外界作用下，能导致分子内键断裂，发生高速的化学反应，进行分子内的燃烧和爆轰。

（2）混合炸药。混合炸药本身是由爆炸性物质和非爆炸性物质成分按一定比例混制而成的，其密度低于起爆药，爆轰激起的过程较起爆药时间长，其释放的能量比起爆药大。大多数工业炸药都属于混合炸药。例如，铵梯炸药、铵油炸药、铵梯油炸药、膨化硝铵炸药、乳化炸药、粉状乳化炸药、浆状炸药、水胶炸药等。其中，乳化炸药、浆状炸药和水胶炸药都属于抗水型炸药，目前常用的抗水型炸药主要是乳化炸药。

2. 单质炸药

单质炸药是一种化学成分为单一化合物的猛性炸药，常用的主要是梯恩梯和黑索今两种。

1）梯恩梯

可缩写为 TNT，即三硝基甲苯（$C_7H_5N_3O_6$），它是浅黄色晶体，吸湿性弱，几乎不溶于水。梯恩梯的热安定性好，在常温下不分解，温度达到 180 ℃时才显著分解。梯恩梯遇火能燃烧，在密闭条件下或大量燃烧时可转为爆炸。它的机械感度较低，但若混入细砂一类硬质掺和物时则容易引爆。梯恩梯密度为 1.60 g/cm^3 时，爆力 300 mL，猛度 16 mm，爆速 6680 m/s。梯恩梯有广泛的军事用途，常作为敏化剂用于铵梯类炸药。

2）黑索今

可缩写为 RDX，即环三亚甲基三硝胺（$C_3H_6N_6O_6$）。不吸湿，几乎不溶于水。黑索今热安定性好，其机械感度比梯恩梯还高。当黑索今密度为 1.70 g/cm^3 时，爆力 600 mL，猛度 25 mm，爆速 8400 m/s。由于它的威力和爆速都很高，除用作雷管中的加强药外，还可用作导爆索的药芯或同梯恩梯混合制造起爆药包。

3. 混合炸药

混合炸药是由多种物质成分组成，一般含有爆炸物质和燃料两种成分，有时还加入疏松、防水成分。混合炸药是爆破作业中用量最大的炸药类型，工业炸药绝大部分都是混合炸药，如胶质炸药（硝化甘油炸药）、浆状炸药、铵梯炸药、铵油炸药和乳化炸药等，在爆破作业中较常见的工业炸药为铵梯炸药、铵油炸药和乳化炸药。

1）胶质炸药

胶质炸药（也叫硝化甘油炸药）是一种烈性炸药，色黄、可塑、威力大、密度大、抗水性强，可做副起爆药，也可用于水下及地下爆破工程。由于冻结温度高达 13.2 ℃，冻结后，其敏感度高，安全性差，因此使用日趋减少。

2）浆状炸药

浆状炸药是以氧化剂的饱和水溶液、敏化剂及胶凝剂为基本成分的抗水硝铵类炸药，含有水溶性胶凝剂的浆状炸药又叫水胶炸药。浆状炸药具有抗水性强、密度高、爆炸威力较大、原料来源广泛和使用安全等优点；主要缺点是贮存期短（约 1 个月），在露天有水的深孔爆破中应用广泛。

3）铵梯炸药

铵梯炸药主要是硝酸铵加少量的 TNT 和木粉混合而成的。此炸药敏感度低，使用安全；缺点是吸湿性强，易结块，使爆力和敏感度降低。在工程爆破作业中，2 号岩石铵梯炸药得到广泛应用，并作为我国药量计算的标准炸药。其贮存有效期为 6 个月。

4）铵油炸药

铵油炸药是由硝酸铵和燃料油及其他附加剂组成的混合炸药。所用的硝酸铵有结晶状、粒状和多孔粒状三种；燃料油有柴油、机油和矿物油等，以轻柴油最为适宜；固体可燃物有梯恩梯、木粉。铵油炸药根据用途可分为岩石型、露天型和煤矿许用型，或根据硝酸铵形态分为粉状和多孔粒状两大类。多孔粒状硝酸铵为白色颗粒状混合物，是一种内部充满空穴和裂隙的颗粒状物质，其堆积密度一般在 0.75～0.85 g/cm^3，空隙可达 0.45 g/cm^3 以上。与普通粒状硝酸铵相比，多孔粒状硝酸铵不易结块、流散性好、吸油能力强。

5）乳化炸药

乳化炸药是以氧化剂（主要是硝酸铵）水溶液与油类经乳化而成的油包水型乳胶体作为爆炸基质，再添加少量敏化剂、稳定剂等添加剂而制成的一种乳脂状抗水炸药。此炸药爆速高，具有抗水性强、爆炸性能好、原材料来源广泛、加工工艺简单、成本低、生产使用安全和环境污染小等优点。岩石乳化炸药适用于无瓦斯和矿尘爆炸危险的爆破工程，可直接用于有水的炮孔和水下爆破。其有效贮存期为 4～6 个月。

（三）起爆器材

1. 雷管

各种雷管均是用来引爆炸药的器材，只是其点火装置不同。常用的雷管主要包括：火雷管、电雷管、导爆管雷管、磁电雷管和电子雷管等。

1）火雷管

在工业雷管中，火雷管是最简单的一种，但又是其他各种雷管的基本组成部分。火雷管的结构由管壳、正起爆药、副起爆药、加强帽等几部分组成。火雷管区别于其他雷管之处，就是在帽孔前的插索腔内插入导火索点火引爆。

2）电雷管

电雷管是由电能作用而发生爆炸变化的一种雷管。电雷管区别于其他雷管之处，就是采用电器点火装置点火引爆正起爆药雷汞或叠氮化铅，再激发副起爆药产生爆轰。

与火雷管相比，电雷管的最大优点是能够在爆破作业中可远距离点火和一次起爆大量药包，使用安全，效率高。电雷管同时可实现瞬时性和延时性的效果，主要有瞬发电雷管（即发电雷管）、毫秒延期电雷管（毫秒电雷管）、秒延期电雷管 3 种。

3）导爆管雷管

导爆管雷管是塑料导爆管雷管的简称，是由导爆管的冲击波能量激发的工业雷管，由导爆管、封口塞、延期体和火雷管组成。导爆管雷管区别于其他雷管之处，就是通过导爆管传递的冲击波产生爆炸。

导爆管雷管具有较好的防水性，也有抗静电、抗杂散电流的能力，使用安全可靠、简单易行，操作方便。目前适用于无瓦斯和矿尘爆炸危险的爆破工程。现在生产的导爆管雷管品种分为即时和延迟两种，如瞬发导爆管雷管、毫秒导爆管雷管、半秒导爆管雷管、秒延期导爆管雷管等。

4）磁电雷管

磁电雷管是一种能抗杂散电流、工频电和抗静电能力较强的电雷管，有很好的电安全性能。磁电雷管适用于电器设备复杂、金属矿山、深井等电能活动频繁的爆破场所，用于起爆炸药、作为导爆索，适用于一般的工程爆破。磁电雷管是利用变压器耦合原理，由电磁感应产生的电能激发的雷管。它与普通雷管不同之处在于每个雷管都带有一个环，雷管的脚线在磁环上绕适当匝数，构成传递能量的耦合变压器副绕组。

5）电子雷管

电子雷管又称数码电子雷管、数码雷管或工业数码电子雷管，即采用电子控制模块对起爆过程进行控制的电雷管。其中，电子控制模块是指置于数码电子雷管内部，具备雷管起爆延期时间控制、起爆能量控制功能，内置雷管身份信息码和起爆密码，能对自身功能、性能以及雷管点火元件的电性能进行测试，并能和起爆控制器及其他外部控制设备进行通信的专用电路模块，具有雷管发火时刻控制精度、延期时间可灵活设定两大技术特点。

电子雷管的延期发火时间由其内部的一只微型电子芯片控制，延时控制误差达到毫秒级。爆破员在爆破现场设定雷管的延期时间，并对整个爆破系统实施编程。电子雷管系统延期时间以 1 ms 为单位，可在 0~8000 ms 范围内为每发雷管任意设定延期时间。电子雷管由五部分组成：集成电路块、塑性外壳、装药部分、电缆和连接器。由于电子雷管技术的不断发展和完善，其技术优越性在世界各国得到了越来越广泛的认同，特别是新型电子雷管生产成本不断下降，其应用范围已从早期的稀有、贵重矿物开采扩大到普通矿石的开采。目前，电子雷管已在国内外爆破工程中应用。澳大利亚的澳瑞凯（Orica）公司、南非的 AEL 和萨索尔（Sasol）公司、瑞典诺贝尔（Nobel）公司、日本的旭化成、中国久联民爆器材有限公司和中国北方化学工业股份有限公司等均相继推出了电子雷管产品。

2. 其他材料

其他材料主要是指用来引爆雷管或传递爆轰波的各种材料，主要包括：导火索、导爆索、继爆管和导爆管等。

1）导火索

导火索是一种以具有一定密度的粉状或粒状黑火药为索芯，外面用棉纱线、塑料、纸条或沥青等材料包缠而成的圆形索状起爆器材，主要是用来激发火雷管。按使用场合不同，导火索可分为普通型、防水型和安全型 3 种。使用最多的是每米燃烧时间为 100~125 s 的普通型导火索。

2）导爆索

导爆索的构造类似于导火索，但其药芯为单体猛炸药黑索今或太安，用棉、麻、纤维及防潮材料包缠成索状的起爆器材，外表涂成红色以示区别，其为一种引爆炸药的材料，具有较大威力。导爆索可分为安全和露天两种，水电工程常用的为露天导爆索。普通导爆索的爆速一般不低于6500 m/s，合格的导爆索在0.5 m深的水中浸泡24 h后，其敏感度和传爆性能不变。

3）继爆管

继爆管是一种专门与导爆索配合使用的有毫秒延期作用的传爆器材，其威力不低于8号雷管，在（-40±2）~（40±2）℃的温度下，性能不会发生明显的改变。继爆管可分为单向继爆管和双向继爆管。单向继爆管在使用时，必须区分主动端和被动端，如首尾颠倒则不能传爆；双向继爆管在使用时，不必区分主动端和被动端，但原料消耗大。

4）导爆管

导爆管是20世纪70年代出现的一种全新的非电起爆器材，是塑料导爆管非电起爆系统的主体。它是一种高压聚乙烯空心软管，外径为（2.95±0.15）mm，内径为（1.40±0.10）mm，管内壁涂有约91%的以奥克托金或黑索金为主体的粉状炸药和约9%的铝粉，传爆速度为1600~2000 m/s。导爆管主要是用来激发导爆管雷管，用于导爆管起爆网路中冲击波的传递，但需要用击发元件来引爆。

5）击发元件和连接元件

击发元件是用来击发导爆管的，如工业雷管、普通导爆索、击发枪、火帽、电引火头或专用激发笔等都可作为导爆管的击发元件。一发普通8号雷管能激发雷管周围3~4层导爆管30~50根。连接元件是用来连接击发元件、传爆元件和起爆元件的部件。如将导爆管与被爆雷管连接在一起的卡口塞，用来固定连接传爆雷管和被爆导爆管的连接块。导爆连通管既是传爆元件，也是连接元件。在塑料导爆管组成的导爆管起爆系统中，需要一定数量的连接元件与之配套使用。

6）起爆电源

电雷管起爆网路可采用交流供电，也可采用直流供电。常用的起爆电源有照明电源、动力电源和起爆器，起爆电源功率应能保证全部电雷管准爆。

三、起爆技术与爆破方法

（一）起爆技术

在选用起爆技术时，要根据炸药的品种、工程规模、工艺特点、爆破效果、现场条件与环境条件等来决定。在爆破作业中，起爆技术的选用直接关系到起爆的可靠性、爆破效果、作业安全和经济效益等各个方面的问题。我国工业炸药目前常用的起爆技术主要有导火索起爆技术、导爆索起爆技术、导爆管起爆技术、电雷管起爆技术、电子雷管起爆技术和混合起爆技术等。

1. 导火索起爆技术

导火索起爆技术又称为火雷管起爆技术。所使用的主要器材是火雷管、导火索和点火材料。它的起爆方法是：先点燃导火索，利用导火索燃烧产生的火焰引爆火雷管，再由雷管的爆炸能引起炸药爆炸。采用导火索起爆时，常用的点火方法有逐个点火法、铁皮三通一次点火法、电力点火法和点火筒一次点火法。

2. 导爆索起爆技术

导爆索起爆技术是利用绑在导爆索一端的雷管爆炸，起爆导爆索，然后由导爆索中的猛炸药传递爆轰波并引爆炸药的一种起爆方法。

3. 导爆管起爆技术

导爆管起爆技术是指利用导爆管为传爆元件，并与击发装置、连接元件及末端雷管等构成的起爆系统进行起爆的一种技术，又称为导爆管起爆系统。

1）起爆网路

（1）簇联网路。一发雷管先引发一束导爆管雷管，此束中一发导爆管雷管再引发一束，这样一级一级传下去的起爆网路叫作簇联网路。

（2）簇并联网路。簇并联网路是指将各炮孔中的起爆雷管的导爆管汇集在一起，用一个传爆装置连接。

（3）并串联网路。并串联网路是指将所有炮孔的组合起爆雷管的导爆管分别汇集成几组，各组用一个组合传爆装置连接，然后用一根主导爆管依次将各组串联起来，导爆管并串联网路一次可起爆的炮孔数较多，所以适用于爆区较大、炮孔分布较广的爆破作业工程。

（4）接力网路。接力网路是孔内、孔外微差起爆常采用的网路。每个起爆雷管除引爆与其直接相连的炮孔内雷管外，还要同时引爆下一时段的起爆雷管，形成连续接力式起爆网路。

（5）复式起爆网路。复式起爆网路是指为了提高爆破网路的可靠度和准爆率，工程中常采用两套同样的网路。两套网路既可以互相独立，也可以互相交叉连接；雷管数增加一倍，爆破网路可靠度增加一倍。

（6）闭合起爆网路。闭合起爆网路是指通过连接元件如四通等，使整个爆区形成环形闭合网路，每个雷管至少由两个不同方向引爆，可以提高网络起爆可靠度。

2）起爆网路的延期

导爆管起爆网路必须通过使用延期导爆管雷管才能实现微差爆破。我国也生产与电雷管段别相对应的毫秒导爆管雷管，其毫秒延期时间及精度均与电雷管相同。导爆管起爆的延期网路一般分为孔内延期网路和孔外延期网路。

（1）孔内延期网路。在这种网路中，传爆雷管（传爆元件）全用瞬发导爆管雷管，而装入炮孔内的起爆雷管（起爆元件）是根据实际需要使用不同段别的延期导爆管雷管。当干线导爆管被击发后，干线上各传爆瞬发导爆管雷管顺序爆炸，相继引爆各炮孔中的起爆元件，通过孔内各起爆雷管的延期后，实现微差爆破。

（2）孔外延期网路。在这种网路中，炮孔内的起爆导爆管雷管用瞬发雷管，而网路中的传爆雷管按实际需要用延期导爆管雷管。孔外延期网路现场使用较少。但必须指出，使用典型的导爆管延期网路时，不论是孔内延期还是孔外延期，在配备延期导爆管雷管和决定网路长度时，都必须按照下述原则：网路中在第一响产生的冲击波到达最后一响的位置之前，最后一响的起爆元件必须被击发，并传入孔内；否则，第一响所产生的冲击波有可能赶上并超前网路的传爆，破坏网路，造成拒爆，这是冲击波的传播速度大于导爆管的传爆速度所造成的。

4. 电雷管起爆技术

使用电雷管起爆引爆炸药的方法，称为电雷管起爆技术。电雷管起爆技术使用的主要起爆器材是电雷管。这种起爆技术具有许多其他起爆技术所不及的优点。因此，电雷管起爆技术的使用范围还是十分广泛的。

5. 电子雷管起爆技术

电子雷管起爆技术采用电子雷管，通过专门配套的起爆器、起爆药包起爆。它具备密码控制、精确延时、专用起爆、GPS 定位、区域控制等多种功能。电子雷管起爆系统基本上由雷管、编码器和起爆器 3 部分组成。

6. 混合起爆技术

在工程爆破作业中，为了提高起爆系统的准爆率和安全性，考虑到各种起爆材料的不同性能，经常将两种以上不同的起爆技术组合使用，形成一种准爆程度较高的混合网路。这种网路有两种以上起爆材料掺混使用，有的形成两套网路。常用的混合网路有 3 种形式：电雷管-导爆管混合起爆网路、导爆索-导爆管混合起爆网路和电雷管-导爆索混合起爆网路。电雷管、导爆管和导爆索三者同时采用也间或有之。

（二）爆破方法

爆破方法主要包括钻孔爆破、洞室爆破、预裂和光面爆破、岩塞爆破、拆除爆破、定向爆破等。其中，钻孔爆破和洞室爆破主要是按照药室的形状不同来区分的；预裂和光面爆破、岩塞爆破、拆除爆破、定向爆破等主要是按照作用的需要及效果不同来区分的。

1. 钻孔爆破

钻孔爆破根据孔径的大小和钻孔的深度，可分为浅孔和深孔两类爆破。前者孔径小于 75 mm 或孔深小于 5 m；后者孔径大于 75 mm 或孔深超过 5 m。

1）浅孔爆破

浅孔爆破是目前工程爆破的主要方法之一，也是广泛采用的爆破方法，常用于场地平整，开挖路堑、沟槽，傍山挖石，采石，采矿，开挖基础及地下工程掘进等。近几年来，在城市建设中，基础拆除及建（构）筑物的拆除，都采用浅孔爆破来实现。浅孔爆破操作方便，缺点是劳动生产效率较低，无法适应大规模爆破的需要。

（1）浅孔爆破的类型。浅孔爆破大致可以分为零星孤石的浅孔爆破、台阶爆破、沟槽爆破以及地下掘进爆破等几类。

①零星孤石的浅孔爆破。零星孤石的浅孔爆破的特点：有两个以上临空面；孤石的破碎效果一般只要求震裂、震破，不要求破碎成小块度；可以单孔或几个孔组成爆区，规模

可大可小。根据以上特点，零星孤石浅孔爆破的布孔原则为：炮孔与各临空面的垂直距离大致相等；较大孤石可以布置两个或两个以上炮孔；炸药消耗较低。药量计算采用体积公式，炮孔装药量与炮孔负担爆破体积成正比，炸药单耗低于深孔爆破的50%以上。

②台阶爆破。台阶爆破主要用在采石场以及梯段高度比较低的石方开挖工程中。爆破作业的设计及药量计算按台阶深孔爆破的程序进行。台阶浅孔爆破可以获得良好的爆破效果及经济效益，因此在浅孔爆破中要创造条件进行台阶爆破。

③沟槽爆破。一般来说，沟槽爆破的浅孔爆破只有一个临空面，爆破条件较差，为了得到较好的爆破效果，可以采用成群炮孔齐发爆破。

④地下掘进爆破。地下掘进爆破与露天台阶爆破相比，其工作空间比较窄小，并且爆破比较频繁。如在井巷、隧道掘进中，往往是凿岩、爆破和出渣交替进行。所以，它不但要考虑爆破作业本身的特点，还需要注意各工序之间的配合。地下掘进爆破作业的最大特点就是只有一个自由面，这一特点决定了在地下掘进爆破中很难加深炮孔深度。为了得到较好的爆破效果，其中关键的一环是合理布置炮孔。

（2）浅孔爆破中炮孔的选择和布置形式。对于浅孔爆破，炮孔位置、方向和深度都直接影响爆破效果。炮孔有水平孔、竖直孔、斜孔、倒斜孔、吊孔等几种。一般在陡壁、陡坡打水平孔或水平斜孔；对较平整的地形和进行路堑开挖时，一般打竖直孔和竖直斜孔；斜坡地面一般先打斜孔截角，炸成台阶地形后再打竖直孔。选择炮孔一般应注意以下几点：炮孔方向最好避免与临空面垂直，并且不宜与最小抵抗线平行。最好垂直或斜交，否则易发生冲炮，达不到预期的效果。炮孔应选在暴露面多的地面，当无适当的地形可利用时，应有计划改造地形，使第一次爆破给第二次爆破创造两个或多个临空面，例如，斜坡地形可先截角，按照由外向内台阶式的布置顺序爆破（坡脚的炮先响），使爆破地面经常保持台阶，形成两面或多面临空。水平地面可在中间布置两排炮孔先爆，顺线路方向开挖一条长槽后，使两侧岩石形成多个临空面，然后在两侧布孔，左右交错顺序起爆；当地面较曲折时，要利用其多面临空布孔，并注意保持爆破之后仍为多面临空，突起山头的地形，应使爆后保持其形状基本不变。在开挖路堑的爆破中，为了提高爆破效果，常采取阶梯形爆破，使爆破在有两个临空面的情况下进行。炮孔应避免平行或穿过裂缝，最好与裂缝垂直。尤其是装填炸药的部位，不应有裂缝，孔底与裂缝应保持0.2~0.3 m的距离，以免爆炸气浪从石缝中漏走，如果允许，也可以适当利用石缝，这样可以增大爆破效果。选择炮孔时，用锤在岩石表面敲击，如有空音响声，表明内部有裂缝或空洞。如岩石表面有裂缝而内部完整，就应先清除表层，而后打孔。在不平整的岩层上打垂直孔或倾斜孔，在垂直岩层上打水平孔。

（3）浅孔爆破参数确定。浅孔爆破的爆破参数可根据施工现场的具体条件和类似的经验选取，并通过实践检验修正，以取得最佳参数值。

①单位体积炸药消耗量（单位耗药量 q）。q 值与岩石性质、自由面数目、炸药种类和炮孔直径等因素有关，一般 $q=0.3\sim0.8\ kg/m^3$。

②炮孔直径 d。浅孔台阶爆破一般使用直径 32 mm 或 35 mm 的标准药卷，炮孔直径比药径大 4~7 mm，故炮孔直径为 36~42 mm。在某些情况下，由于设备的限制，浅孔爆破也可采用大直径的炮孔，但不宜超过 76 mm，一般为 51 mm、64 mm、76 mm。

③炮孔深度 L 与超深 h。炮孔深度根据岩石坚硬程度、钻孔机具和施工要求确定。对于软岩，$L=h$；对于坚硬岩石，为了克服台阶底部岩石对爆破的阻力，使爆破后不留根底，炮孔深度要适当超出台阶高度，其超出部分为超深，其取值 $h=(0.1\sim0.15)H$。

④底盘抵抗线 W_d。台阶爆破一般都用 W_d 代替最小抵抗线进行有关计算，W_d 与台阶高度有如下关系：$W_d=(0.4\sim1.0)H$。在坚硬难爆的岩体中，或台阶较高时，计算时应取较小值，亦可按炮孔直径的 25~40 倍确定。

⑤炮孔距和排距炮孔间距不大于 L、不小于 W_d，并有以下关系：$a=(1.0\sim2.0)W_d$ 或 $a=(0.5\sim1.0)L$。实践证明，在台阶爆破中，采用 $2W_d<a<4W_d$ 宽孔距小抵抗线爆破，在不增加单位体积炸药消耗量的条件下，可降低大块率，改善爆破质量。

2）深孔爆破

深孔爆破孔径大于 75 mm 或孔深超过 5 m，恰好弥补了浅孔爆破的一些缺点，主要适用于料场和基坑的大规模、高强度开挖；缺点是由于还存在倾斜孔，因此钻孔技术要求高，钻孔效率低，装药过程中易发生堵塞炮孔现象。

（1）炮孔布置参数。

①台阶高度 H。一般为 6~16 m，以 8~12 m 居多，主要是有利于机械设备的运行并充分发挥装渣机械的作用。

②钻孔直径 d。邻近建筑物建基面、设计边坡轮廓处一般不大于 110 mm，在基础开挖中一般不大于 150 mm。

③底盘抵抗线 W_d。底盘抵抗线 W_d 计算见公式（2-5）。

$$W_d=HD\eta d/150 \tag{2-5}$$

式中　D——岩石硬度影响系数，一般取 0.46~0.56，硬岩取小值，软岩取大值；

η——台阶高度影响系数，台阶越高取小值。

在深孔爆破中，不用最小抵抗线而采用底盘抵抗线，底盘抵抗线是指炮孔中心线至台阶坡脚的水平距离。

④超钻深度 ΔH。超钻深度 ΔH 计算见式（2-6）。

$$\Delta H=(0.15\sim0.35)W_d \tag{2-6}$$

以上系数台阶高度大、岩石坚硬时取大值。钻孔超钻的作用在于克服底盘阻力，避免残埂，获取符合设计标高且较为平整的底盘。

⑤孔长 L。孔长 L 计算见式（2-7）。

$$L=(H+\Delta H)/\sin\alpha \tag{2-7}$$

式中　α——钻孔倾斜角，一般设计与台阶坡面角相同，有时也设计为垂直角。

⑥孔距 a 和排距 b。孔距 a 和排距 b 计算见式（2-8）和式（2-9）。

$$a = (1.0 \sim 2.0)W_d \tag{2-8}$$

$$b = (0.8 \sim 1.0)W_d \tag{2-9}$$

合理的孔距和排距是保证形成完整的新台阶面及爆后岩块均匀的前提。

⑦堵塞长度 L_1。可以参照以下综合确定，计算见式（2-10）、式（2-11）和式（2-12）。

$$L_1 \geqslant 0.75W_d \tag{2-10}$$

$$L_1 = (20 \sim 30)d \tag{2-11}$$

$$L_1 = (0.2 \sim 0.4)L \tag{2-12}$$

（2）装药量计算。

前排炮孔的单孔药量计算见式（2-13）：

$$Q = qaW_dH \tag{2-13}$$

后排炮孔的单孔药量计算见式（2-14）：

$$Q = qabH \tag{2-14}$$

式中　q——深孔台阶爆破单位耗药量，kg/m^3，软岩取 0.15~0.3，中硬岩取 0.3~0.45，硬岩取 0.45~0.6。

在实际运用中，无论是深孔爆破还是浅孔爆破，最终确定的装药量必须满足药量平衡原理。

2. 洞室爆破

洞室爆破也称为大爆破，即在山体内开挖导洞及药室，在药室里装入大量的炸药组成集中药包，一次可以爆破大量石方。洞室爆破具有工期短、施工设备简单、用于抛掷爆破时可大大减少岩土的装运量等优点。但是洞室爆破也具有爆破施工组织工作较复杂、一次爆破装药量多、爆破后大块率较高、二次破碎量大、安全问题比较复杂等缺点。按爆破目的不同，洞室爆破分为松动爆破和抛掷爆破两种。松动爆破有标准松动和加强松动两种。抛掷爆破又分为上向、平向和下向几种。

3. 预裂和光面爆破

为保证保留岩体按设计轮廓面成型并防止围岩破坏，可采用轮廓控制爆破技术，主要包括预裂和光面两种爆破技术。两者都要求沿设计轮廓产生规整的爆生裂缝面，成缝机理基本一致。

1）预裂爆破

预裂爆破就是首先起爆布置在设计轮廓线上的成排预裂爆破孔内的延长药包，形成一条沿设计轮廓线贯穿的裂缝，再进行该裂缝外的主体开挖部位的爆破，保证保留岩体免遭破坏。也就是在设计的开挖边界线上钻凿一排间距较密的炮孔，每孔装少量炸药，采用不耦合装药，在主爆孔前起爆，形成一条具有一定宽度能反射应力波的预裂缝，可减弱应力波对边坡的破坏。预裂爆破后能沿设计轮廓线形成平整的光滑表面，可减少超、欠挖量，而且利用预裂缝将开挖区和保留区岩体分开，使开挖区爆破时的应力波在预裂面上产生反射，而透射到保留区岩体的应力波强度则大为减弱。同时还使地震效应大大减轻，从而可有效保护保留区的岩体和建筑物，特别是能够增大边坡角，由此减少总剥离量，增加可采量，可带来巨大的经济效益。预裂爆破目前已广泛地应用于露天矿边坡、水工建筑、交通路堑与船坞码头的施工中来提高保留区壁面的稳定性。

（1）预裂爆破参数。正确选择预裂爆破参数，是取得良好的预裂爆破效果的前提。然而，预裂爆破的主要参数及其影响因素很多，如孔径、孔距、炸药性能、线装药密度、装药结构、岩石的结构等。

①钻孔孔径。根据爆破工程的性质与要求、设备条件等来选取炮孔直径。炮孔直径对壁面上留下预裂孔痕率有影响，而孔痕率的多少是反映预裂爆破效果的一个重要指标。一般孔径愈小，则孔痕率愈高。其中，露天开挖的孔径一般为 70~165 mm，地下掘进开挖一般为 40~90 mm，大型地下厂房开挖一般为 50~110 mm。

②钻孔孔距。预裂爆破时预裂孔的孔距与岩石特性、炸药性质、装药情况、开挖壁面平整度要求和孔径大小有关，一般为孔径的 7~14 倍，质量要求高、岩质软弱、裂隙发育等取小值，岩石硬度大时取大值。

③线装药密度。线装药密度是指单位长度炮孔的平均装药量，即炮孔装药量对不包括堵塞部分的炮孔长度之比。采用合适的线装药密度可以控制爆炸能对新壁面的损坏，针对不同地点、不同工程应有不同的合理线装药密度值，可通过实地试验加以确定。随着岩性的不同，一般可取 200~500 g/m，为了克服岩石对孔底的夹制作用，孔底应加大线装药密度到 2~5 倍。

④装药不耦合系数。装药不耦合系数是指炮孔半径与药卷半径的比值。为了防止炮孔壁的破坏，根据国内外资料，该系数一般取 2~5 为宜。在允许的线装药密度下，不耦合系数可随孔距的减小而适当增大。岩石抗压强度大，应选取较小的不耦合系数值。

⑤预裂孔深。确定预裂孔深度的原则是确保不留根底和不破坏台阶的完整性，因此要根据工程的实际要求来选取。例如，在剥离界线上凿岩时，要根据预估孔底爆破效果来确定超深值。

⑥装药结构。预裂爆破要求炸药均匀分布在炮孔内，故采用不耦合装药。由于炮孔底部夹制性较大，不易形成所要求预裂缝，故通常需要将孔底一段线装药密度加大。一般底部装药量可增加 2~3 倍。

⑦堵塞长度。良好的孔口堵塞是保持高压爆炸气体所必需的。堵塞过短而装药太高，会造成孔口成为漏斗状的风险。过长的堵塞和装药过低则难以使顶部形成完整预裂缝。堵塞长度同炮孔直径有关，通常可取炮孔直径的 12~20 倍。

⑧预裂孔超前于主爆破孔的起爆时间。为了确保降震作用，必须使预裂孔超前于主爆破孔起爆，超前的时间至少应达到 100 ms。

（2）预裂爆破效果评价。一般根据裂缝的宽窄、新壁面的平整程度、留下的孔痕百分率以及减震效应的百分率等来衡量预裂爆破的效果。预裂爆破应达到以下质量标准：①岩体在预裂面上形成贯通裂缝，其地表裂缝宽度不应小于 1 cm；②预裂面保持平整，壁面不平整度小于 15 cm；③壁上孔痕百分率在硬岩中不少于 80%，在软岩中不少于 50%；④减震效应，降低爆破地震效应是预裂爆破的重要优点，一般应达到设计和预估效果。

2）光面爆破

光面爆破就是先爆除主体开挖部位的岩体，然后再起爆布置在设计轮廓线上的周边孔药包，将光面爆破层炸除，形成一个平整的开挖面。目的是控制爆破的作用范围和方向，使爆破后的岩面光滑平整，防止岩面开裂，以减少超挖、欠挖和支护的工作量，增加岩壁的稳固性，减少爆破的震动作用，进而达到控制岩体开挖轮廓的一种技术。

（1）光面爆破机理。光面爆破是沿开挖轮廓线布置间距较小的平行炮孔，在这些光面炮孔中进行药量减少的不耦合装药，然后同时起爆，爆破时沿这些炮孔的中心连接线破裂成平整的光面。

（2）光面爆破参数要求。

①爆破层厚度。即最小抵抗线的大小，为炮孔直径的 10~20 倍。

②钻孔孔距。一般为爆破层厚度的 0.75~0.90 倍，质量要求高、岩质软弱、裂隙发育等取小值。

③半孔率。开挖壁面岩石的完整性用岩壁上炮孔痕迹率来衡量，炮孔痕迹率也称半孔率，为开挖壁面上的炮孔痕迹总长与炮孔总长的百分比。对于节理裂隙极发育的岩体要求达到 10%~50%，中等发育为 50%~80%，不发育为 80% 以上。同时围岩壁面不应有明显的爆生裂隙。

其中：钻孔直径、装药不耦合系数以及线装药密度均可参照预裂爆破选用。

4. 岩塞爆破

岩塞爆破是一种水下控制爆破，即在已建水库或天然湖泊中，若拟通过引水隧洞或泄洪洞达到取水、发电、灌溉、泄洪和放空水库或湖泊等目的，为避免隧洞进水口修建时在深水中建造围堰，采用岩塞爆破是一种经济而有效的方法。

5. 拆除爆破

拆除爆破是指将爆破技术应用于建筑物的拆解。与以岩石为工程对象的各种其他爆破技术相比，拆除爆破工程对象的结构与力学性质均有显著差异，工程的环境条件与要求，以及对爆破效果的要求，都会产生一定的变化。因此，在从事拆除爆破过程中，如何选择爆破的方法，科学制定爆破方案，合理选取爆破技术参数，都是需要学习和讨论的问题。拆除爆破必须要达到以下五项基本技术要素。

1）控制炸药用量

拆除爆破一般在城市复杂环境中进行，炸药释放的多余能量往往会对周围环境造成有害影响。因此，拆除爆破尽可能少用炸药，将其能量集中于结构失稳，而充分利用剪切和挤压冲击力，使建（构）筑结构解体。

2）控制爆破界限

拆除爆破必须视具体工程要求进行设计与施工，例如对于需要部分保留、部分拆除的建筑物，则需要严格控制爆破的边界，既要达到拆除目的，同时也要确保被保留部分不受影响。

3）控制倒塌方向

拆除爆破一般环境比较复杂，周围空间有限，特别是对于高层建（构）筑物，如烟囱、水塔等，往往只能有一个方向的地面可供倾倒。这就要求定向非常准确，因为发生侧偏或反向都将造成严重事故，因此准确定向是拆除爆破成功的前提。

4）控制堆渣范围

随着拆除建（构）筑物越来越高，体量越来越大，爆破解体后碎渣的堆积范围远大于建（构）筑物原先的占地面积，另外，高层建筑爆破后，重力作用下的挤压冲击力很大，其触地后的碎渣具有很大的能量，爆破解体后渣堆超出允许范围，将导致周边被保护的建（构）筑物、设施的严重破坏。

5）控制有害效应

上述4项关键技术要素中，并非每一项拆除爆破都会碰到。要依据爆破的对象、环境、外部条件和保护要求逐一针对性地解决，但爆破本身对环境产生的影响，也称为“爆破的负效应”，即爆破产生的震动、飞石、噪声、冲击波和粉尘，以及建（构）筑物解体时的触地震动，却是每一个工程都会遇到的，因此必须加以严格控制。

6. 定向爆破

就是利用山体的有利地势地形进行布药，定向松动崩塌或抛掷爆落岩石至预定位置的爆破。如定向爆破筑坝就是将爆落的岩石抛掷到设计指定的位置截断河道，然后通过人工修整达到坝体设计要求的筑坝技术。

四、爆破控制与安全

（一）爆破控制

1. 爆破工序

爆破工序主要包括装药、填塞、起爆网路连接、警戒后起爆、哑炮处理等环节。

1）装药

装药前，首先要对洞室、药壶和炮孔进行清理和验收，在完成钻孔以后清理炮孔内杂物，装药前检查炮孔有无堵塞物和孔内水深、最小抵抗线与原设计的抵抗线有无变化，以确保最后调整核实药量的准确程度。其次就是在装药前要对炮孔参数进行检查验收，确认炮孔合格后即方可进行装药工作。装药可采用人工和机械两种方法。

（1）人工装药。结块的铵油炸药必须敲碎后放入孔内，防止堵塞炮孔；破碎药块时只能用木棍、不能用铁器；炸药在装入炮孔前一定要整理顺直，不得有压扁等现象，防止堵塞炮孔；根据装入炮孔内的炸药量估计装药位置，发现装药位置偏差很大时，立即停止装药，并报爆破技术人员处理。出现该现象的原因一是炮孔堵塞炸药无法装入；二是炮孔内部出现裂缝、裂隙，造成炸药漏到其他地方。装药速度不宜过快，特别是往水孔中装药时速度一定要慢，要保证炸药沉入孔底；放置起爆药包时，雷管脚线要顺直，轻轻拉紧并贴在孔壁一侧，可避免脚线产生死弯而造成芯线折断、导爆管折断等，同时可减少炮棍捣坏脚线的机会；要采取措施，防止起爆线（或导爆管）掉入孔内。

（2）机械装药。装药工作机械化，使露天炸药生产与装填得到极大的改善，克服了以往炸药生产场地大、倒运环节多、包装费用高、劳动强度大、劳动卫生条件差、炮孔装药不连续等缺点，也解决了地下工程中由于钻孔直径小、角度方向变化大、堵孔卡孔机会多的问题，可提高装药密度，改善爆破质量，减少穿孔量，降低穿爆成本，节约炸药的贮存、保管、运输和包装费用，具有显著的经济效益。粒状炸药装药车车厢应由耐腐蚀的金属材料制造，厢体必须有良好的接地。输药管必须使用专用半导体管，钢丝与厢体的连接应牢固。装药车系统的接地电阻不得大于 10^5 Ω，输药螺旋与管道之间必须有足够的间隙。发动机废气排气管应安装消焰装置，排气管与油箱和轮胎应保持适当的距离。装药车上应配备适量的灭火器。使用装药车（器）装药时，输药风压不得超过额定风压上限值，不准用不良导体垫在装药车（器）下面。在使用药粉时必须过筛，严禁将石块和其他杂物混入药粉室。采用电力起爆和导爆管起爆的起爆药包必须在装药结束后，方准装入炮孔。

（3）装药时的注意事项。

一是雷管聚能穴的方向要指向被其引爆炸药的传爆方向。

二是要防止药包与雷管脱离而引起拒爆，孔内装入起爆药包后严禁用力捣压起爆药包。

三是要保证炸药的连续性，以免影响爆轰波的传递。

四是装药密度要适中，一定的炸药密度可增加爆破威力，密度过大会影响炸药感度，甚至会出现拒爆。

五是水孔装药要注意做好防水处理，或采用抗水炸药。

六是装药时必须使用木质炮棍，且在用炮棍压紧药包时切不可用猛力去捣实，以防产生早爆事故或拉断雷管脚线造成拒爆（哑炮）。

2）填塞

炮孔装药后，炮孔口部未装药部分的一段空孔应进行填塞，填塞工作必须保证填塞质量，除扩壶爆破外，洞室、深孔或浅孔爆破必须填塞，而且要保证有足够的填塞长度，严禁不堵塞爆破。

常用的堵塞材料有专用炮泥、耗子黏土及岩粉等，主要是防止爆轰气体过早冲出以保证爆炸能量的利用率。因此，良好的填塞可以阻碍爆炸气体过早扩散，使炮孔在相对较长的时间内保持高压状态，有利于提高爆破效果；同时，良好的填塞可使炮孔中的炸药有完全反应的条件，既可提高炸药爆速，又可减少有毒气体的生成量。再者就是良好的堵塞对于减少爆破飞散物有重要的作用。严禁使用石块、易燃、易爆、有毒和有放射性的物品作为填塞材料，填塞材料可以用砂、黏土或砂和黏土的混合物，事先拌好，做成专用的炮泥条备用。

填塞时不得将导线、导爆管或导爆索拉得过紧，防止被砸断、碰破，不准损伤起爆线路或使导火索受到强力挤压。禁止捣固直接接触药包的填塞材料或用填塞材料冲击起爆药包。

3）起爆网路连接

各种起爆网路均应使用经现场检验合格的起爆器材。根据设计具体要求进行起爆网络连接，单个雷管起爆时，不需要进行起爆网路连接，当一次起爆多发雷管时，需要进行起爆网路连接及连线工作，在连接方式上主要采用串联、并联或混联。在可能对起爆网路造成损害的部位，应采取措施保护穿过该部位的起爆网路。敷设起爆网路应由有经验的爆破员或爆破技术人员实施，并实行双人作业制。起爆网路检查工作应由有经验的爆破员组成的检查组承担，检查组不得少于两人。

（1）电力起爆网路。在连接电力起爆网路时，应进行下述检查后方准与主线连接：①电源开关是否接触良好，开关及导线的电流通过能力是否满足设计要求；②网路电阻是否稳定，与设计值是否相符；③网路是否有接头接地或锈蚀，是否有短路或开路；④采用发爆器起爆时，应检验其起爆能力。

（2）导爆索或导爆管起爆网路。对于导爆索或导爆管起爆网路，应检查以下几项内容：①有无漏接或中断、破损；②有无打结或打圈，支路拐角是否符合规定；③雷管捆扎是否符合要求；④线路连接方式是否正确、雷管段数是否与设计相符；⑤网路保护措施是否可靠。

4）警戒后起爆

起爆的工作一般在生产工人撤离现场或下班以后进行。警戒人员按规定在警戒点进行警戒，爆破指挥人员则确认周围的安全警戒和起爆准备工作是否完成，而后发布爆破信号，待信号起效后方可发出起爆命令。

起爆后，经检查确认炮孔全部起爆后，方可发出解除警戒信号、撤离警戒人员。在发现哑炮时，应在采取安全防范措施并进行完全排除后方能解除警戒信号。

5）哑炮处理

发生哑炮后应立即封锁现场，由现场技术人员针对实际情况进行处理。具体可参照本书关于盲炮的处理部分内容。

2. 爆破管理

爆破管理主要包括爆破材料的管理、爆破作业的过程控制和爆破后的整理作业等环节。

1）爆破材料的管理

（1）爆破材料的保管。工地爆破材料仓库应位于偏僻但交通方便的地方。除加强保卫工作外，应注意防洪、防潮，要采取避雷措施。炸药和雷管要分别贮存在隔开一定安全距离的不同仓库内。

（2）爆破材料的运输。运输车必须办理危险物品准运证，设置危险物品警示标志。运输车在领、退过程及运输途中，必须有押运员或材料员同车前往，办理材料领、退手续，同时遵守交通运输规则和相关安全管理规定。严禁炸药与雷管混运，严禁人员、爆破材料同车混运，车厢内严禁载人。装有爆破材料的车辆应按要求驶往爆破作业现场或仓库，严禁中途停放在人员密集、房屋建筑和机械设备集中的场所。

（3）爆破材料的领用和使用。

①建立"现场爆破材料领退和使用联系清单"，在材料车到达爆破作业现场后，实行爆破员签字领用爆破材料制度，做到谁签字谁负责，杜绝爆破材料遗失或丢失现象发生。

②现场作业的炮工必须在材料员处办理签字领用手续，领取所需的爆破材料；对未使用完的材料，应及时退回材料车中，并与材料员办理退料签字手续。

③现场装药技术员、炮工，应对当天该部位自己所用爆破材料做到"三清"，即领用数量清、使用数量清、退回数量清。

④在爆破材料领退过程中，爆破员与材料员必须对材料进行核对，确认无误后才能签字；爆破员应互相监督现场爆破材料使用情况，对签字领用后的爆破材料负责。

⑤爆破作业过程中，材料员应坚守岗位，并对爆破材料领用人进行监督。在未起爆前，材料员认真检查、清理、核对当天所发生的爆破材料数量，避免发生遗漏现象。

⑥爆破现场负责人必须对当天该部位的爆破材料履行监督管理责任，对使用数量心中有数，在起爆前，应检查、督促爆破作业人员进行工完场清。

2）爆破作业的过程控制

（1）爆破设计。爆破作业前必须进行爆破设计，设计应由具备相应资格的单位和人员编制。爆破设计前，应对爆破对象和区域周围环境及设施进行调查，爆破设计对各种爆破参数、安全控制措施等都要有详细的说明。爆破设计编制好后，必须按规定进行审批，经技术部门、安全部门及监理部门的审批签字。

（2）爆破作业的申报会签。爆破指挥部门负责爆破作业的统一管理及申报会签工作，爆破单位必须服从爆破指挥部门的管理。爆破单位必须按规定的时间向爆破指挥部门申报会签，主要是会签当天下午和次日早上的爆破作业单，错过爆破作业会签时间的爆破单位，则应取消其爆破作业。

（3）爆破警戒。爆破警戒由爆破指挥部门统一管理。爆破警戒前，各警戒队到爆破指挥部门对承担的警戒区域进行签字确认，爆破指挥部门组织警戒队召开班前会，各警戒队配备的警戒人员数量要满足警戒要求，警戒人员要统一穿警戒服，佩戴警戒袖标。警戒人员要认真负责，警戒必须到位，决不能留下盲区，警戒范围一般为 400 m。待解除警报拉响后，方能解除警戒。

（4）爆破警示标志的设置。凡在当天下午需进行爆破作业的区域，应在当天上午在作业面插一红旗，如为早上爆破，则应在前一天下午放完炮后插上一面红旗。以此告示作业区周围的施工人员做好爆破前撤离或对设备装置的保护安排。

（5）爆破装药、联网和起爆。

①在大雾、雷雨等天气，禁止从事爆破作业。

②爆破作业人员不应穿化纤等易产生静电的衣物。

③爆破装药前，爆破人员要召开班前会，告知装药的部位及存在的危险及要注意的事项。

④搬运爆破器材应轻拿轻放，不应冲撞起爆药包。

⑤爆破作业应做好装药原始记录。

⑥炮孔装药时应使用木质炮棍，不得在爆破地点周围 200 m 或根据设计规定的范围内进行其他爆破工作。

⑦在爆破装药过程中，不应拔出或硬拉起爆药包中的导火索、导爆管、导爆索和雷管脚线。

⑧起爆药包、电雷管脚线和引出线在未搭入线前，应一直处于短路状态。

⑨电雷管起爆药包装入前，应切断一切电源，只准使用马灯和绝缘手电筒照明，且不得在工作面及巷道内拆换电池。

⑩堵塞前，应组织专人对回填前的一切准备工作进行验收，并作好原始记录。

⑪现场安全监察人员加强巡查，对爆破作业过程进行监控，严禁无关人员进入爆破作业区域。对各种不按规定进行操作的人员、做法及时进行纠正或处罚。

⑫用于同一爆破网路内的电雷管、电阻值应相同。康铜桥丝雷管的电阻极差不得超过 0.25 Ω，镍路桥丝雷管的电阻极差不得超过 0.5 Ω。

⑬同一网路中各支线（组）电阻应平衡。当并入母线后，必须量测总电阻值，测定与计算的电阻值相差不得超过 5%。

⑭网路中的支线、区域线和母线彼此连接之前各自的两端应短路绝缘。

⑮应切除爆破工作面的一切电源，照明至少设于距工作面 30 m 以外。

⑯装药、联网完毕后，必须对爆破部位采取必要的安全防护措施，比如压沙袋、钢丝网等。

⑰网路中全部导线必须绝缘。有水时应架空。各接头应用绝缘布包好，两条线的搭接口禁止重叠，至少应错开 10 cm。

⑱测量电阻时只许使用经过检查的专用爆破测试仪表或线路电桥。严禁使用其他电气仪表进行量测。

⑲电力起爆宜使用起爆器。起爆器的箱子应上锁，并指定专人管理。

⑳供给每个电雷管的实际电流应大于准爆电流。具体要求是：直流电源为不小于 2.5 A，对于洞室或大规模爆破不小于 3 A。交流电源则为不小于 3 A，对于洞室或大规模爆破不小于 4 A。

3）爆破后的整理作业

（1）爆破后的检查。

①露天浅孔爆破，爆破后应超过 5 min，方准许检查人员进入炮区检查；露天深孔爆破，爆破后应超过 15 min，方准许检查人员进入炮区检查。

②爆破后检查的内容有：确认有无盲炮，露天爆破爆堆是否稳定，有无危坡、危石。

③检查人员发现盲炮及其他险情，应及时上报或处理。

④处理前应在现场设立危险标志，并应采取相应的安全措施，发现残余爆破器材应收集上缴，集中销毁。

（2）盲炮的处理。

①处理盲炮前，应划定警戒范围，并在该区域边界设置警戒。处理盲炮时，无关人员不准进入警戒区。

②应安排有经验的爆破员处理盲炮。

③电力起爆发生盲炮，应立即切断电源，及时将盲炮电路短路。

④当导爆索和导爆管起爆网路发生盲炮时，应检查导爆管是否有破损或断裂，发现有破损或断裂的应修复后重新起爆。

⑤盲炮处理完毕后，应仔细检查爆堆，将残余的起爆器材收集起来，集中销毁。

（3）爆破材料的清理退库。

①未用完的爆破材料当天及时退库，材料员在退料时必须再次核对数量。

②必须建立正规的爆破材料出、入库台账。材料员在当天爆破作业结束后，根据现场领退料单，做好爆破材料出、入库台账，出、入库台账必须账物相符。

（二）爆破安全

爆破作业必然会带来爆破飞石、地震波、空气和水冲击波以及噪声等负面效应，此效应即为爆破公害。采取科学有效的措施可以确保保护对象（包括人员、设备及邻近的建筑物或构筑物等）的安全。

爆破安全主要包括爆破地震、爆破冲击波、爆破飞石、爆破公害的控制与防护等几个方面的内容。

1. 爆破地震

在爆破过程中，爆炸能量会有很大一部分以地震波的形式向四周传播，导致地面震动，这种震动即为爆破地震。其强度的衡量参数为位移、速度和加速度等。

实践表明，质点峰值振动速度与建筑物的破坏程度具有较好的相关性，因此国内外普遍采用质点峰值振动速度作为安全判据。

此振动速度主要与药包形状系数、最大单响段药量、爆心距（即测点至爆源中心距离）和地质条件、爆破类型以及爆破参数等密切相关。

2. 爆破冲击波

爆破冲击波是指炸药爆炸产生的高温高压气体或直接压缩周围介质（如空气或水）以波的形式快速传播形成相应的冲击波，在波传播中的压力达到一定量值后能够导致建筑物破坏和人体器官损伤。

在爆破作业中，需要根据被保护对象的允许超压确定爆炸空气或水中冲击波的安全距离。

为确保作业人员不受空气冲击波的影响，裸露药包每次爆炸的总药量不得大于 20 kg，同时要按规定确定爆炸空气或水中冲击波对作业人员的最小安全距离。

3. 爆破飞石

爆破飞石是指炸药爆炸后产生的能量使部分破碎的石块飞出，对周围人员、设备及建筑物等可能造成伤害或破坏。

目前对于钻孔爆破尚无公式计算飞石安全距离，仅规定了一最小值。

4. 爆破公害的控制与防护

对于爆破公害的控制与防护，可以从爆源、公害传播途径以及保护对象三个方面采取措施。

1）爆源

从爆源方面控制与防护的手段主要有：合理的爆破参数、炸药单耗和装药结构，良好的爆破技术以及保证炮孔的堵塞长度与质量等。

2）公害传播途径

从公害传播途径方面控制与防护的措施主要有：开挖减震槽或者开挖线轮廓进行预裂爆破，对爆区临空面进行覆盖、架设防波屏等。

3）保护对象

对保护对象进行直接防护措施是防震沟、防护屏及表面覆盖等，严格爆破作业规章制度及对施工人员进行安全教育等。

五、爆破技术运用

爆破技术在各领域中的运用非常广泛，如甘肃舟曲泥石流爆破清阻、对四川汉源大渡河壅塞体实施爆破、对湖北咸丰县城太山庙危岩体实施爆破、汶川武隆山体垮塌地下矿井爆破救援等。随着社会的发展进步，爆破技术运用也越来越广泛和重要，也必须发展新的爆破技术，解决更多的施工、抢险等方面的各种难题。

第三节　工程挖填技术

工程挖填技术，作为一门针对土石方开挖与填筑的施工技术，具有极强的专业性。它不仅在工程项目施工中发挥着关键作用，也是工程抢险中不可或缺的基础性技术。工程挖填技术在各种抢险场景中得到了广泛应用，如建筑基坑坍塌抢险、道路抢通、堰塞湖疏通、泥石流及滑坡体的处理等。对于工程应急抢险救援来说，熟练掌握工程挖填技术对于顺利完成与开挖和填筑作业相关的工程抢险任务具有重大意义。

一、开挖作业

（一）概念及分类

开挖作业，也可称为土石方开挖作业，它是将土和岩石进行松动、破碎、挖掘并运出的工程作业，是工程初期以至施工过程中的关键工序。

按岩土性质，开挖作业可分为土方开挖作业和石方开挖作业两类。按施工环境是露天、地下或水下，可分为明挖、洞挖和水下开挖3类。

（二）作业范围

在各类工程建设中，土石方开挖作业广泛应用于场地平整和削坡，建筑物地基开挖，地下洞室开挖，河道、渠道、港口开挖及疏浚，填筑材料、建筑石料及混凝土骨料开采，临时建筑物或结构物的拆除等。在工程抢险实践中，土石方开挖作业主要应用于堰塞湖坝体导流明渠的开挖、泥石流及滑坡体的开挖等。

（三）开挖方式

在工程项目施工前，需根据工程规模和特性，地形、地质、水文、气象等自然条件，施工导流方式和工程进度要求，施工条件以及可能采用的施工方法等来研究选定开挖的方式。其中，明挖有全面开挖、分部位开挖、分层开挖和分段开挖等方式。全面开挖适用于开挖深度浅、范围小的工程项目；开挖范围较大时，需采用分部位开挖的方式；如开挖深度较大，则采用分层开挖的方式；对于石方开挖，常结合深孔爆破（见第二节中的工程爆破技术）按梯段分层开挖；分段开挖则适用于长度较大的渠道、溢洪道等工程。对于洞挖，则有全断面掘进、分部开挖和导洞法等开挖方式。

（四）施工方法

土石方开挖作业施工，主要包括松动、破碎、挖装、运输出渣等工序。其中土方开挖作业可采用人工配合小型工具或采用挖装机械直接进行开挖，对大中型工程的土方开挖，则主要是采用挖装机械施工。石方开挖作业，除松软岩石可用松土器以凿裂法开挖外，一般需以爆破的方法进行松动、破碎；人工和半机械化开挖，可使用锹镐、风镐、风钻等简单工具，配合挑抬或者简易小型的运输工具进行作业，适用于小型工程。有些灌溉排水沟渠的施工可直接使用开沟机，可以一次成形。

1. 明挖

明挖除使用各类凿岩、钻孔机械钻孔，进行爆破作业外，主要使用：挖掘机械，如各种单斗挖掘机或多斗挖掘机；铲运机械，如推土机、铲运机和装载机；有轨运输机械，如机车牵引矿车；无轨运输机械，如自卸汽车等。根据不同条件，采用各种配合方式，进行挖、装、运、卸等各项作业。要根据工程规模、施工条件，合理选用适宜的施工机械和相应的施工方法，特别要注意机械设备的配套协调，避免存在薄弱环节。在特定条件下，可采用水力开挖的方法开挖土方；也有采用爆破开挖的方法开挖土石方，即用抛掷爆破或扬弃爆破技术，不仅将土石破碎，还全部或部分地将其抛弃到设计边界以外。

2. 洞挖

洞挖一般常用钻孔爆破法掘进，用机械进行挖装、运卸作业；也可采用全断面隧洞掘进机开挖隧洞；在土质松软岩层中可用盾构法施工。

3. 水下开挖

水下开挖可以采用索铲、抓斗等陆上开挖机械，但通常使用各式挖泥船，配合拖轮、驳船等水上运输设备进行联合作业，在疏浚开挖作业中经常用到。

施工方案的编制在满足设计要求、工程质量、施工安全和工期要求等条件下，应通过技术经济比较，进行施工方案的优化选择。编制施工方案时，一般应考虑下列事项：

（1）开挖方式和施工方法能满足开挖进度要求，与施工导流和混凝土浇筑等前后工序相衔接，并满足防洪和度汛要求。

（2）根据水文、季节和施工条件，合理安排施工顺序，快速施工，均衡生产。

（3）根据开挖工程规模、土石特性、工作条件、施工方法，选择适用的施工机械设备，挖、装、运、卸各项设备要合理配套。

（4）因地制宜，安排好交通运输路线和施工总平面布置，以及风、水、电等系统。

（5）搞好土石方平衡调配，注意安排挖采结合、弃填结合，避免重复倒运。弃渣、弃土场地尽量少占农田，并尽可能造地还田。弃渣要避免侵占河道，避免阻碍行洪或抬高电站尾水位，影响发电效益。

（6）做好施工排水措施，将妨碍施工作业和工程质量的雨水、地表水、地下水和施工废水排至场地以外，为工程创造良好的施工条件。

（7）按设计和施工技术规范的要求，保证施工质量。对施工中可能遇到的问题，如流砂现象、边坡稳定、隧洞塌方等，要进行技术分析，提出解决的措施。

（8）注意施工安全，按照安全、防火、环境保护、工业卫生等方面规程的规定，制定施工安全技术措施。

（五）放坡系数

土方开挖放坡系数是指土壁边坡坡度的底宽 B 与基高 H 之比，即 $m=B/H$，如图 2-3 所示。放坡系数为一个数值（如 B 为 0.3，H 为 0.6，则放坡系数为 0.5）。计算放坡工程量时，交接处的重复工程量不扣除，符合放坡深度规定时才能放坡，在原槽、坑中做基础垫层时，放坡高度从垫层的上表面开始计算。当混凝土垫层做基础垫层时，放坡高度从垫层的下表面开始计算。因土质不好，基础处理采用挖土、换土时，其放坡点应从实际挖深开始。

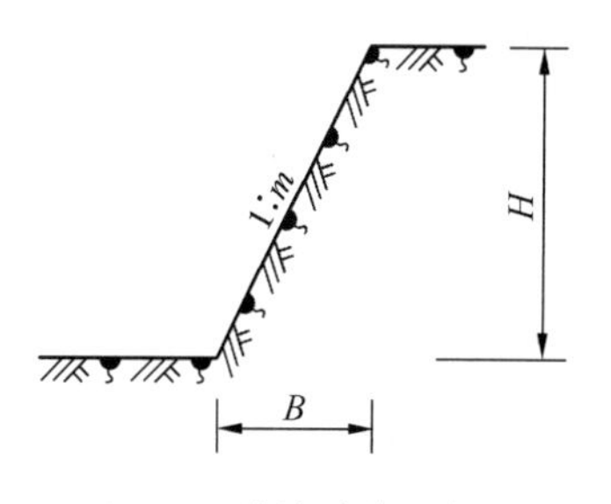

图 2-3 放坡系数示意图

其中管线土方工程定额，对计算挖沟槽土方放坡系数规定如下：挖土深度在 1 m 以内，不考虑放坡；挖土深度在 1~2 m，按 1∶0.5 放坡；挖土深度在 2~4 m，按 1∶0.7 放坡；挖土深度在 4~5 m，按 1∶1 放坡；挖土深度大于 5 m，按土体稳定理论计算后的边坡进行放坡。

在挖土方、槽、坑时，如遇不同土壤类别，应根据地质勘测资料分别计算。边坡放坡系数可根据各土壤类别及深度加权确定。土类单一土质时，普通土（一、二类土）开挖深度大于 1.2 m 时开始放坡（K=050），坚土（三、四类土）开挖深度大于 1.7 m 时开始放坡（K=0.30），土类混合土质时，开挖深度大于 1.5 m 时开始放坡，然后按照不同土质加权计算放坡系数 K，建筑工程施工手册中对放坡高度、比例的规定见表 2-2。

表 2-2 放坡高度、比例规定表

土壤类别	放坡深度规定/m	高与宽之比		
		人工挖土	机械挖土	
			坑内作业	坑上作业
一、二类土	超过 1.20	1：0.5	1：0.33	1：0.75
三类土	超过 1.50	1：0.33	1：0.25	1：0.67
四类土	超过 2.00	1：0.25	1：0.10	1：0.33

（六）作业要求

1. 人工开挖

挖土前根据安全技术交底了解地下管线、人防及其他构筑物情况和具体位置。地下构筑物外露时，必须进行加固保护。作业工程中应避开管线和构筑物。在现场电力、通信电缆 2 m 范围内和现场燃气、热力、给排水等管道 1 m 范围内挖土时，必须在主管单位人员监护下进行人工开挖。

开挖槽、坑、沟深度超过 1.5 m，必须根据土质和深度情况，按安全技术交底放坡或加可靠支撑。遇边坡不稳、有坍塌危险征兆时，必须立即撤离现场并及时报告施工负责人，采取安全可靠排险措施后方可继续挖土。

槽、坑、沟必须设置人员上下坡道或安全梯。严禁攀登固壁支撑上下沟，或在坑边壁上挖洞攀登爬上或跳下。间歇时，不得在槽、坑坡脚下休息。

挖土过程中，遇有古墓、地下管道、电缆或其他不能辨认的异物和液体、气体时，应立即停止作业并报告负责人，待查明处理后，再继续挖土。

槽、坑、沟边 1 m 以内不得推土、堆料停放机具。堆土高度不得超过 1.5 m。槽、坑、沟与建筑物、构筑物的距离不得小于 1.5 m。开挖深度超过 2 m 时，必须在周边设两道牢固护身栏杆，并张挂密目式安全网。

人工挖土、前后操作人员横向间距离不应小于 2~3 m，纵向间距不得小于 3 m。严禁掏洞挖土，抠底挖槽。

每日或雨后必须检查土壁及支撑稳定情况，在确保安全的情况下继续工作，并且不得将土和其他物件堆在支撑上，不得在支撑上行走或站立。必须及时清除混凝土支撑梁底板上的粘黏物。

2. 机械开挖

施工机械进场前必须经过验收，合格后方能使用。

机械开挖时，应严格控制开挖面坡度和分层厚度，防止边坡和挖土机下的土体滑动。开挖作业半径内不得有人进入。司机必须持证作业。

机械开挖时，启动前应检查离合器、液压系统及各铰接等部分，经空车试车运转正常后再开始作业。机械操作中进铲不应过深，提升不应过猛，作业中不得碰撞支撑。

机械不得在输电线路和线路一侧工作，不论在任何情况下，机械的任何部位与架空输电线路的最近距离应符合安全操作规程要求（根据现场输电线路的电压等级确定）。

机械应停在坚实的地基上，如基础过差，应采取走道板等加固措施，不得将挖土机履带与挖空的基坑平行 2 m 停、驶。运土汽车不宜靠近基坑平行行驶，防止塌方翻车。

配合挖机的清坡、清底工人，不准在机械回转半径下工作。

向汽车上卸土应在车子停稳后进行，禁止将铲斗从汽车驾驶室上越过。

场内道路应及时整修，确保车辆安全通畅，各种车辆应有专人负责指挥引导。

车辆进出门口的人行道下，如有地下管线（道），必须铺设厚钢板或浇筑混凝土加固。车辆出大门口前应将轮胎冲洗干净，不污染道路。

（七）施工方案

一个好的土石方开挖作业方案能让工程更好、更高质量地完成施工。土石方开挖施工方案一般包括：开挖准备、清表、开挖要求以及土方外运等。

1. 开挖准备

（1）勘查现场，清除地面及地上障碍物。

（2）保护测量基准桩，以保证开挖标高位置与尺寸准确无误。

（3）备好开挖机械、人员、施工用电、用水、道路及其他设施。

2. 清表

凡工程范围内的表层杂草、块石、杂物、腐殖土、树根等均应清除干净，平整压实，清理厚度不得小于 0. 3 m。清除出来的废渣不得随地弃置，采用自卸汽车外运至弃料场。

3. 开挖要求

1）准备工作

由于开挖受天气、地质条件，以及原有建筑物的影响，开挖前应做好以下工作：一是施工图纸的审阅、分析，以及施工方案的拟定；二是对当地的水文、气象条件的了解；三是对施工场地的地质条件的了解；四是摸清施工范围内的建筑物及管线埋设情况；五是要绘制开挖的平面图和横断面图。

在开挖作业前，还应根据施工方案的要求，将施工区域内的地下、地上障碍物清除和处理完毕，并办完预检手续。施工机械进入现场所经过的道路、桥梁和卸车设施等，应事先经过检查，必要时要进行加固或加宽等准备工作。对图纸要进行熟悉并做好技术交底。

2）测量放样

在开挖前要进行测量放样，重点利用布设的临时控制点，放样定出开挖边线和开挖深度等。在开挖边线放样时，应在设计边线外增加30～50 cm，并作上明显的标记。在确定基坑底部开挖尺寸时，除考虑建筑物轮廓要求外，还应考虑排水设施和安装模板等要求。建筑物或构筑物的位置或场地的定位控制线（桩）、标准水平桩及开槽的灰线尺寸，必须经过检验合格。

3）开挖要求

夜间开挖作业施工时，应有足够的照明设施；在危险地段应设置明显标志，并合理安排开挖顺序，防止错挖或超挖。开挖有地下水位的基坑槽、管沟时，应根据当地工程地质资料，采取措施降低地下水位；一般要降至开挖面以下0.5 m，然后才能开挖。

选择开挖机械时，应根据施工区域的地形与作业条件、土的类别与厚度、总工程量和工期综合考虑，以能最大程度发挥施工机械的效率来编制施工方案。施工区域运行路线的布置，应根据作业区域工程的大小、机械性能、运距和地形起伏等情况加以确定。

在机械施工无法作业的部位和进行修整边坡坡度、清理槽底等工作时，均应配备人工工作并配置相应的机具，如挖土机、推土机、铁锹（尖、平头两种）、手推车、小白线或20号铅丝和钢卷尺以及坡度尺等。

4）操作工艺

（1）工艺流程。确定开挖的顺序和坡度→分段分层平均下挖→修边和清底。

（2）坡度的确定。开挖坡度要按设计要求进行，若在施工中仍不能确保稳定，则应及时与设计方面联系，更改开挖方案。

（3）机械开挖。在进行开挖作业时应合理确定开挖顺序、路线及开挖深度，主要是采用挖掘机配合推土机进行开挖，土石方开挖宜从上到下分层分段依次进行。在开挖过程中要随时做成一定坡势，以利泄水，也应随时检查边坡的状态。开挖基坑，不得挖至设计标高以下，如不能准确地挖至设计基底标高时，可在设计标高以上暂留一层土不挖，以便在抄平后，由人工挖出；采用反铲挖土机时，应确保暂留土层厚度为50 cm左右为宜。

（4）人工修挖。在机械施工挖不到的土方位置，应由人工配合随时进行挖掘，并用手推车把土运到机械能够挖到的地方，以便及时用机械挖运走。修帮和清底时在距底设计标高50 cm槽帮处，抄出水平线，钉上小木橛，然后人工将暂留土层挖运走。同时要由轴线（中心线）引桩拉通线（用小线或铅丝），检查距槽边尺寸，确定槽宽标准，以此修整槽边，最后清除槽底土方。

5）雨、冬期施工

土方开挖一般不宜在雨季进行，否则工作面不宜过大，应逐段、逐片分期完成。

4. 土方外运

土石方开挖作业主要应采用自卸汽车运输，运至指定地点并按要求堆放。开挖作业施工期间应对弃土场进行管理，严禁外来没有明确堆至此处的土方运至本弃土场。对于开挖作业运输过程中可能遭受污染的道路，应按照路政部门的要求及时清理。

二、填筑作业

（一）概念

对土砂石等天然建筑材料进行开采、装料、运输、卸料、铺散、压实的工程。

（二）土石方运输

土石方运输机械可分为：有轨运输、无轨运输和皮带机运输。

1. 有轨运输

（1）标准轨运输（轨距 1435 mm）。工程量一般不少于 30 万 m^3，运距不少于 1 km，坡度不宜大于 0.025，转弯半径不小于 200 m。

（2）窄轨运输轨距有 1000 mm、762 mm、610 mm 3 种。窄轨运输设备简单，线路要求比标准轨低，能量消耗少，在工程中得到广泛使用。

有轨运输路基施工较难，效率较低，除窄轨运输有时用于隧洞出渣外，一般较少采用。

2. 无轨运输

（1）自卸汽车运输。自卸汽车运输机动灵活，运输线路布置受地形影响小，但运输效率易受气候条件的影响，燃料消耗多，维修费用高；运距一般不宜小于 300 m，重车上坡最大允许坡度为 8%～10%，转弯半径不宜小于 20 m。

（2）拖拉机运输。拖拉机运输是用拖拉机拖带拖车进行运输。根据行走装置不同，拖拉机分为履带式和轮胎式两种。履带式拖拉机牵引力大，对道路要求低，但行驶速度慢，适用于运距短、道路不良的情况。轮胎式拖拉机对道路的要求与自卸汽车相同，适用于道路良好，运距较大的情况。

3. 皮带机运输

皮带机是一种连续式的运输设备。与车辆运输相比，皮带机具有以下特点：结构简单、工作可靠、管理方便，易于实现自动控制；负荷均匀，动力装置的功率小，能耗低；连续运输，生产效率高，如图 2-4 所示。

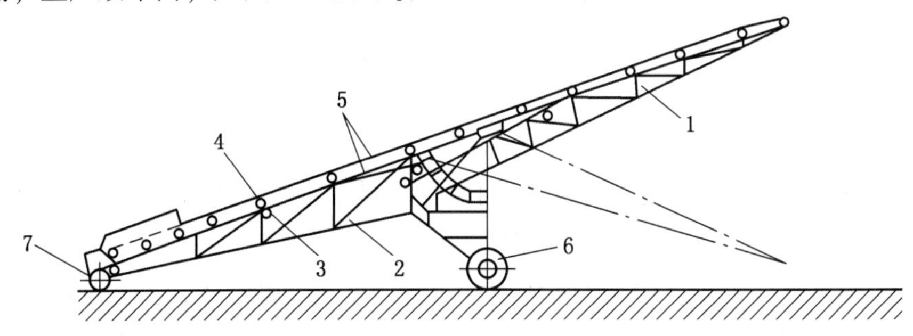

1—前机架；2—后机架；3—下托辊；4—上托辊；5—皮带；6—行走轮；7—尾部导向轮

图 2-4　皮带机结构图

（三）卸料与摊铺

土石料运至填筑工作面后，分层卸料、摊铺，分层进行碾压。事先做好规划，将填筑工作面分成若干作业区，有的区卸料摊铺，有的区碾压，有的区进行质量检验，平行流水作业。这样既可保证填筑面平起，减少不必要的填料接缝，又可提高机械效率。

卸料方式有前进法（进占法）和后退法。前进法卸料即车辆由填土区边缘开始，卸料摊铺向前扩展。车辆在刚铺好的松土上行走。后退卸料法与前者相反，车辆是在已压实好的土层上行走。黏性土采用前进卸料法，可以防止由于过度碾压产生剪切破坏。堆石料采用后退卸料法，可以减少轮胎的磨损。

每层填料的厚度都有严格规定。为了使每层填料厚度符合规定并且厚薄均匀，可根据填土区的面积及要求的铺土厚度，计算每层填土总量，控制每层卸料量及车数，并根据自卸车容量控制卸料堆的间隔。卸料后用推土机或推土机和平地机散开铺平。摊铺时发现有超径材料应及时清除处理，对于堆石料中的超径大石块，可在填筑面用冲击锤或重夯锤破碎。填料的粒径级配有相应的要求，不同回填料的级配系数也不相同。

（四）压实

在填筑工作面上，按规定厚度将土石料散开铺平后，用压实机进行压实，减少孔隙增加容重。压实是保证土石方填筑质量的最后一道工序。压实费用一般只占土石方填筑总造价的10%～15%，但压实直接影响工程质量。有些工程由于压实方法或控制含水量不当，压实质量不能满足要求，甚至被迫变更设计或中途停工，所以正确掌握土石料的压实特性，合理选择压实机械和压实参数对土石方填筑工作非常重要。

原始的压实工具有木夯、石硪等。近代随着机械工业的发展，压实机械向多品种、高效率发展：有以静重压实为主的平碾、羊足碾、凸块碾、网格碾、气胎碾等；有以冲击荷重压实的夯板、电动夯、爆炸夯等；有以振动压实的振动碾、振动板等，振动碾又分为振动平碾、振动羊足碾、振动凸块碾等。土石料压实，应根据土石料性质、工程规模、压实质量要求，合理选择压实机械的机型及压实参数，如碾重、铺土厚度、碾压遍数等。

土料压实一般控制土料含水量在最优含水量左右。土料含水量的调整工作多在土场进行，填筑工作面须有洒水设备（洒水车或水管），主要是防止表面干燥，起养护作用，有利于上下土层结合。土料压实机械可采用羊足碾、气胎碾、凸块碾、振动凸块碾、夯板等。

砂砾石料压实应充分加水，压实机械可采用气胎碾、振动凸块碾、振动平碾、夯板等。堆石料过去均不专门压实，采取厚层抛填，称为抛填堆石，一般层厚8～25 m，石料从高处抛下，靠冲量压实，并用高压水枪射水。抛填堆石沉降量较大，高度百米左右的堆石坝，完工后沉降量约为坝高的1%。为了减少沉降量，自20世纪60年代，开始采用薄层碾压，称为碾压堆石，压实机械多用振动平碾。

三、挖填作业安全措施

（一）开挖作业安全措施

1. 土方开挖安全措施

（1）在施工区按照相关要求设置各类指示标志并保持完好，包括：道路标志、爆破警戒信号和安全标志等。教育人员正确识别和遵守各种信号、标志。

（2）冬季注意防寒、防冻、防滑。降雪后及时清除路面积雪和采取防滑措施。

（3）夜间施工要设置足够的照明，施工现场道路交叉处、拐弯处要设置明显警示标志，必要时设置反射镜，并派专人指挥来往车辆。

（4）应对施工道路加强维护以保证道路的畅通，配备洒水车，对施工场地和道路经常洒水抑尘，以减少粉尘污染。

（5）严格要求操作手、驾驶员按程序操作，经常检查机械，加强设备维护，对运料车辆经常进行冲洗，保持良好的车容车貌。

（6）开挖时，机械应停放平稳，机械进行作业前要先打信号，严禁上下重叠作业。

（7）车辆运输严格限定行驶速度，行车保持安全距离，做到文明行驶，不抢道、不违章；下坡不准空挡滑行，禁止在坡上停车、倒车。

（8）开挖的弃碴料应堆放到指定的堆碴区，弃土表面修理平整，边线平顺，每层堆高不得超过 3 m。

（9）经常检查边坡是否稳定，一旦发现有可能的坍塌迹象，应采取必要的处理措施并报告监理工程师，避免边坡坍塌。

2. 石方开挖安全措施

（1）爆破作业严格遵守《爆破安全规程》，爆破员、安全员、押运员、保管员、领料员等均须经过公安部门培训，考试合格、持证上岗并相对固定。

（2）火工品领取必须遵守《爆破器材库安全管理规定》和《炸药库安全管理规定》，严格实行“双人领用”。爆破器材领用单必须经队长签字，安全部门审批。

（3）施工现场严禁储存火工品，未使用完的火工品，应由材料员、施工技术员清点登记，经安全部门签字确认，当班及时退库保管。

（4）火工品从领用、运输、使用至退库应由专职安全员进行全过程监控，以防止火工品丢失和被盗。

（5）严格在规定统一要求下进行爆破，每次爆破前 3 h，由专职安全员到指定地点交换爆破单。爆破单上注明本次爆破的爆破地点、孔数、总装药量、单孔最大装药量、安全距离等内容，及时通知其他人员采取相应的避炮措施。

（6）严格实行准爆证制度，爆破准备工作结束后，必须经过安全员验收，并由负责人签发《准爆证》后，才准进行爆破。

（7）爆破作业统一指挥，按《爆破安全规程》等有关规定，统一设置警报装置和信号，统一设置警戒标志，警戒人员佩戴袖标，使用口哨和红绿警戒旗。并且在警戒区域外的明显处设立警示标识牌。

（8）在开挖边坡前，应详细调查边坡岩石的稳定性，对于有不安全因素的边坡，必须进行处理和采取相应的防护措施，山坡上所有危石及不稳定岩体均应撬挖排除。每茬爆破结束后，应立即组织清渣，要彻底清理松动岩石、浮渣，以防受下雨、刮风、震动影响而滑落，危及下部人员安全。

（9）在自然边坡及人工边坡陡峻部位，应根据需要制作宽度为 1 m 钢制爬梯作为上下交通。钢梯两边设 1.2 m 高的简易保护栏杆，钢梯两端用锚筋固定，以保证施工人员的安全。

（10）为确保边坡的安全稳定，必须边开挖边支护，尽可能不进行立体作业。进行高空作业、交叉作业时，必须设立安全哨、观察哨。

（11）优化爆破设计，减少施工中的飞石。根据实际情况精心进行爆破设计和试验，采用增加堵塞长度、降低装药单耗和调整爆破方向等办法，控制飞石。

（12）开挖特殊部位时，应采取控制爆破措施，并搭设避炮棚对挖掘设备进行防护，以确保设备安全。

（13）液压钻和潜孔钻应安装收尘装置进行收尘，防止钻孔起尘。支架式潜孔钻钻孔可采取打湿钻或洒水等措施，达到降尘的目的。

（14）开挖机械停放平稳牢固，施工中常检查边坡岩石有无塌方危险，严禁上下重叠作业。机械进行作业前要先打信号。

（15）车辆运输严格限定行驶速度，行车保持安全距离，下坡不准空挡滑行，禁止在坡上停车、倒车。所有运载车辆均不准超载、超宽、超高运输，严禁人料混载。装碴时应将车辆停稳并制动。运输车应文明行驶，不抢道、不违章，施工区内行驶速度不得超过规定的行驶速度。

（16）要求施工现场的设备、材料、工具摆放有序，严禁随意堆放，确保工地现场整洁有序。

（17）严格要求操作手、驾驶员按程序操作，经常检查机械，及时排除故障，严禁酒后操作机械设备。大型机械设备作业时，不允许在机械回旋范围内进行任何作业，对机械进行作业前要先打信号。

（18）机械在运转中或机械已停转但机件尚处于运动趋势下，禁止人员检修。

（19）施工现场道路交叉处、拐弯处要设置明显警示标志，必要时设置反射镜，并派专人指挥来往车辆。其他施工危险区域要相应设置危险、警示标志。

（20）使用的电源应设分路控制开关，并有明显的标识。施工作业区、施工道路等区域设置足够的照明。

（二）填筑作业安全措施

（1）做到文明施工，对车辆经常进行维护，配备洒水车，对施工场地和道路经常洒水抑尘，以减少粉尘污染。对运料车辆经常进行冲洗，保持良好的车容车貌，装载不能过满，严格控制土料撒落，以免污染环境。另外，车辆途经村庄时，应避免对居民正常生活的影响。

（2）加强道路维护，经常清扫施工道路，保持路面平整清洁。施工现场道路交叉处、拐弯处要设置明显警示标志，必要时设置凸面反射镜，并派专人指挥来往车辆。在其他施工危险区域要相应设置危险、警示标志。

（3）要求施工现场的填筑设备、材料、工具摆放有序，严禁随意堆放，确保工地现场整洁有序。

（4）车辆运输严格限定行驶速度，行车保持安全距离，下坡不准空挡滑行，禁止在坡上停车、倒车。所有运载车辆均不准超载、超宽、超高运输，严禁人料混载。装碴时应将车辆停稳并制动。运输车应文明行驶，不抢道、不违章，隧洞内行驶速度不超过 15 km/h，施工区内行驶速度不超过 30 km/h。

（5）严格要求操作手、驾驶员按程序操作，经常检查机械，及时排除故障，严禁酒后操作机械设备。大型机械设备作业时，不允许在机械回旋范围内进行任何作业，对机械进行作业前要先打信号。

（6）使用的电源应设分路控制开关，并有明显的标识。在施工作业区、施工道路、临时设施处、办公区和生活区应设置足够的照明。

（7）机械在运转中或机械已停转但机件尚处于运动趋势的情况下，禁止人员检修。

（8）填筑施工产生的废水，主要为填筑料加水场加水时流出的污水，应排入污水处理池进行沉淀处理，符合环保要求后方可排出。

（9）填筑高度每 10 m 处，在上游坡面设置一道安全防护网（密目钢板网），网高不低于 120 cm。

（10）坝面洒水，采用洒水车和供水管路实施。洒水车洒水的主要目的是防尘，供水管路的洒水是满足坝体填筑的洒水要求。

（11）对下游堰坡进行砌石施工时，在施工区下方应设防护设施，并设安全警戒。

（三）安全标识

安全标识是指在操作人员容易产生错误而造成事故的场所，为了确保安全，提醒操作人员注意所采用的一种特殊标识。

根据国家有关标准，安全标识应由几何图形和图形符号构成。必要时，还需要补充一些文字说明与安全标识一起使用。

国家规定的安全标识有红、蓝、黄、绿四种颜色，其含义是：红色表示禁止、停止；蓝色表示指令或必须遵守的规定；黄色表示警告、注意；绿色表示提示、安全状态、通行。安全标识按其用途可分为禁止标识、警告标识、指示标识 3 种。安全标识根据其使用目的的不同，可分为：防火标识、禁止标识、危险标识、注意标识、救护标识、小心标识、放射性标识、方向标识、指示标识。

四、挖填技术运用

2015年12月20日11时40分，广东省深圳市光明新区凤凰社区恒泰裕工业园发生滑坡灾害，共有2906名各类救援力量参与救援，其中消防官兵566名。广东省公安消防总队特勤大队作为一支专业的救援队伍，在灾后1 h 50 min后接到命令立即启动跨区域增援预案并赶赴灾害现场。他们在灾害现场连续工作近120 h后换防返回广州。

（一）初战搜救

20日15时25分，首批力量到达现场并向总队指挥部领受任务。根据现场指挥部的命令，大队主要负责对东二路附近西北面的泥土埋压区域探测搜救。20日15时58分，第二批力量到达现场，并根据现场侦察情况，迅速制定初步救援方案。按照“分片作业、轮换作战、仪器探测、重点施救”战术措施，对所承担的作业点进行交叉探测。20日16时15分，由于现场面积较大，根据总队指挥部命令，大队通信保障组利用无人侦察机对灾害事故现场进行航拍侦察。20日23时45分，在大队作战区域的中部首次探测出疑似生命体征的信号（不稳定），大队立即调集多台雷达生命探测仪再次对疑似点进行探测，信号断断续续、时有时无。后经大队搜救犬分队以及蓝天救援队共同确认，疑似点不存在生命体。21日15时28分，搜救小组第二次搜索到生命体征信号，经过多种搜救技术共同确认后予以排除。

21日凌晨1时，现场降雨，气温急剧下降。大队将官兵轮换作战时间缩短为6 h。凌晨2时，根据失联人员家属提供的信息，结合卫星地图，将原柳溪工业园区域确定为重点搜索区域。经过1 h探测，发现该区域内出现疑似生命迹象。针对土层较厚的情况，大队协调了多台挖掘机从侧面清理土层，依照“仪器探测—大型机械清理土层—仪器探测—搜救犬确认”的程序反复探测。至21日12时，大队在该疑似点清理土层5000余立方米，经确认，不存在生命迹象。经过21 h连续搜救，大队救援队对长约450 m、宽120 m的泥土埋压区域进行了全面探测搜索，未发现生命迹象。其间，大队搜救小组还协助中山支队，利用雷达生命探测仪在该支队作战区域探测，探测30余次，未发现生命迹象。

（二）联合作战

21日15时，根据总队现场指挥部命令，重点搜救区域调整为西北角一栋损毁严重的办公楼（该办公楼原为六层建筑，一至四层被泥土埋压，只露出五、六层）。根据现场情况，大队指挥部临时调整救援方案，采取警种联合，按照“逐层搜救—大型机械清理土层—仪器、搜救犬交叉确认”的方式进行，协同配合、轮流作业。

21日18时许，广州消防支队加入大队作战区域联合搜救。其间，利用音频、视频和雷达生命探测仪、搜救犬等多种搜救技术对办公楼进行了全面探测。

22日19时许，在该办公楼挖出一个保险箱，并根据总队指挥部要求将保险箱移交给公安部门，寻找失主。大队持续在该区域搜救探测至23日11时许，在楼内清理出各种障碍物1000多件，探测50余次，未发现新的生命迹象。

22 日 21 时许，根据总队现场指挥部命令，由大队搜救犬分队统筹现场消防支队 14 只搜救犬行动，在各消防支队作战区域定点搜救 100 余次，成功在深圳作战区域确认一名幸存者。23 日 6 时 40 分，该名幸存者获救，创造了深圳“12・20”滑坡事故生命救援的奇迹。

（三）值守换防

23 日 12 时，黄金救援 72 h 结束，救援现场开始进入大规模工程机械挖掘作业阶段。根据总队指挥部命令，大队把救援队分为若干个 5 人小组，在现场轮班值守，开展安全巡查。24 日 22 时许，大队接到总队换防命令，现场任务完成。24 日 23 时 21 分，大队从深圳出发返回广州。

思考题

1. 什么是导流施工？
2. 导流施工的基本方法有哪些？
3. 导流施工技术在三峡工程中是如何运用的？
4. 堰塞湖抢险如何实现导流施工技术的运用？
5. 什么是截流施工？
6. 截流施工主要包括哪几个过程？
7. 常用的起爆技术与爆破方法有哪些？
8. 爆破控制与安全注意事项有哪些方面？
9. 挖填作业安全措施要点有哪些？
10. 在建筑工地坑道救援时，安全注意事项有哪些？

第三章　城市内涝抢险技术

当城市内涝灾害发生时，抢险救援人员需要及时采取专业、高效的城市内涝抢险技术进行救援，以最大程度地减少灾害损失和保护人民的生命财产安全。城市内涝抢险技术，不仅仅教授我们如何应对自然灾害，更传递了一种坚守初心、担当使命的精神。学习城市内涝抢险技术，需要我们精益求精，不断逼近问题的核心。面对内涝灾害，我们不能有丝毫松懈，必须严谨细致地制定抢险方案，确保人民生命财产的安全。这种对职责的坚守和对完美的追求，正是“辞海精神”和工匠精神的体现。通过学习城市内涝抢险技术，我们不仅要提升专业能力，更要培养一种对社会、对人民高度负责的态度，始终坚守初心，勇于担当，为保护人民生命财产安全贡献自己的力量。

第一节　城市内涝概述

一、城市内涝基本介绍

城市内涝是指由于强降水或连续性降水超过城市排水能力致使城市内产生积水灾害的现象。造成内涝的客观原因是降雨强度大，范围集中。降雨特别急的地方可能形成积水，降雨强度比较大、时间比较长也有可能形成积水。

（一）降雨等级

气象部门把下雨下雪都叫降水，降水的多少叫降水量。降水量是指某一时段内，从天空降落到地面上的液态（降雨）或固态（降雪）（经融化后）降水，未经蒸发、渗透、流失而在水平面上积聚的深度，单位为 mm。1 mm 的降雨量就是指降雨在 1 m^2 面积上形成的水深为 1 mm。降水量按 12 h、24 h 两时间段进行划分。

降雨分为微量降雨（零星小雨）、小雨、中雨、大雨、暴雨、大暴雨以及特大暴雨共 7 个等级，具体的划分见表 3-1。

表 3-1　不同时段的降雨量等级划分表

等级	现象描述	时段降雨量	
		12 h 降雨量/mm	24 h 降雨量/mm
微量降雨（零星小雨）	降水量极少，几乎不对地面造成明显的湿润效果	＜0.1	＜0.1
小雨	雨能使地面潮湿，不泥泞，水洼积水很慢	0.1~4.9	0.1~9.9

表 3-1（续）

等级	现象描述	时段降雨量	
		12 h 降雨量/mm	24 h 降雨量/mm
中雨	雨降到屋顶上有淅淅声，水洼积水较快	5.0~14.9	10.0~24.9
大雨	降雨如倾盆，落地四溅，水洼积水极快	15.0~29.9	25.0~49.9
暴雨	降雨比大雨还猛，马路滞水，能造成山洪暴发	30.0~69.9	50.0~99.9
大暴雨	降雨比暴雨还大，或持续时间长，造成洪涝灾害	70.0~139.9	100.0~249.9
特大暴雨	降雨比大暴雨还大，能造成洪涝灾害	≥140.0	≥250.0

（二）降雨汇流

在城市中，雨水落到地面以后，地面上的绿化植物能对雨水进行部分截留；城市内的河渠、湖泊和池塘也可以存储一部分雨水；落在泥土地面上的雨水还可以下渗至地下。

城市地面硬化程度高，落在不透水的硬化地面（如水泥地面、柏油路面等）上的雨水，则通过雨水口等排水口进入雨水管网，再排至有雨水承接功能的河流、湖泊或者海洋中。

（三）内涝易发地点

随着城市的发展，城市用地日益紧张，以前城市建设总是选择地势较高的地区，现在对于地势比较低的地区也进行了规划和建设。同时，城市朝立体方向不断发展，因此易发生城市内涝的区域也不断增加。

城市的易涝点通常位于城市低洼地区，也有一些地势较高区域由于排水不畅导致积水形成易涝点。城市内涝易发区域一般有城区低洼地区、下凹式立交桥、地下轨道交通、地下商场与车库等地下空间、危旧房与地下室以及在建工地等。

二、城市内涝成因

（一）硬化地面影响排涝

硬化地面为不透水地面，阻断了雨水向地下渗透，大量雨水因无法自然渗入地下而聚集在地面之上，加大了城市排水系统的负担；同时，与天然地面相比，硬化地面上的雨水汇集时间变短，增加了城市内涝的可能性。

（二）地面沉降影响排涝

一方面，地面硬化，雨水下渗少，加上大量抽调地下水，很容易导致大范围地面沉降，造成原本正常的地面变得低洼，易造成局部积水。

另一方面，如果由于地面沉降造成其排水管网低于上级排水管网，那么低洼地区的积水就无法顺利进入上级管网，导致积水。

（三）城市水面的减少影响排涝

城市水面通常指城市中的河流、湖泊和池塘，不仅可以给人们营造舒适休闲的氛围，更是重要的城市蓄水设施。一方面可以直接承接雨水，另一方面可以接纳周边区域汇集的雨水，从而有效调节城市内涝。

如果城市水面减少了，则大大减小了城市调节内涝的能力，给排水管网造成很大的压力，不利于积水的排出，容易造成内涝。

（四）洪水和风暴潮加重城市内涝

滨海城市不仅要面临江河洪水的威胁，还要受风暴潮的侵袭，当城市受到江河水位、潮位严重影响，暴雨积水通常难以排除，从而容易引发城市内涝。

三、城市内涝灾害的危害与影响

（一）城市内涝影响人的生活，影响社会生产

内涝发生时，通常造成货物流通受阻、病人得不到及时救治；如果变电站、输电输气线路、供水线路和通信线路出现故障，就会停电停水停气，通信中断，影响人们正常的生活。

城市内涝一旦发生，会影响城市的道路、桥梁、地铁、火车及机场等公共交通设施，给人们的出行、货物的运输以及应急救援等造成困难，致使城市交通瘫痪。

城市内涝时，位于城市低洼地带的商业和生产企业一旦受淹，工商业活动会受到影响。与影响普通居民的生活一样，由于内涝灾害带来的停水停电等故障，也会打乱企业的生产计划。一些与民生相关的企业受损也将给人们的生活带来不便。

（二）城市内涝影响社会安定，影响城市形象

内涝对于各行各业及人民生活造成的影响使人们很容易产生负面情绪。同时，有人趁机囤积居奇、哄抬物价，扰乱市场秩序。更有人可能散布谣言，甚至进行非法活动。这些都会影响社会的安定。

城市对内涝的管理一定程度上反映了城市发展的水平，体现在城市排水系统设计理念、城市绿地和城市水面比例以及组织应急行动等方面，因此，从一定程度上讲，内涝也影响到了城市形象。

四、城市内涝灾害的预警与识别

（一）暴雨预警及预防行动

暴雨预警根据降雨量由低到高划分为一般Ⅳ级（一般）、Ⅲ级（较重）、Ⅱ级（严重）、Ⅰ级（特别严重），依次用蓝色、黄色、橙色和红色表示，同时以中英文标识。预警的发布可以针对暴雨影响区域或整个行政区域。实施预警发布往往意味着该区域已经或即将可能出现不同程度的险情或灾情。

（二）城市内涝预警方式

现代社会，人们发布信息的平台很多，预警发布机构也通过不同的渠道对外发布预警信息。最常见的有电视、网络、手机、广播以及信息屏幕。除了通过门户网站和论坛以及手机信息以外，通过微博、微信和专门的预警信息手机应用软件发布预警信息也开始成为主要的预警方式。在少数民族聚居区发布预警信号时除使用汉语言文字外，还应当使用当地通用的少数民族语言文字。

（三）易涝点识别标志

城市的立交桥桥洞、地铁、地下人行通道、地下商场、地下车库等地方都是容易出现内涝的区域。在有暴雨预警的时候，要快速识别易涝点，不要在易涝点停留。

目前，有些城市已经对易涝点进行了醒目的标注和提醒，行人可以通过标识牌识别易涝点的位置。比如，很多城市在下凹式立交桥，公路、铁路立交桥等点段施划积水水位黄色警示线和红色警戒线，并设置了警告提示牌。在上述地点一旦遭强降雨并发现有积水趋势，应立即避开绕行。

五、城市内涝的治理

（一）工程措施

城市内涝应对工程措施可分为源头削峰、过程蓄排和末端消纳3类。

1. 源头削峰

在城市建设和更新中，统筹推进建筑小区、公园绿地、道路广场、水务系统等各类海绵建设项目，积极落实“渗、滞、蓄、净、用、排”等措施，因地制宜使用透水性铺装，增加下沉式绿地、植草沟、人工湿地、沙石地面和自然地面等软性透水地面，建设绿色屋顶，从源头上减少径流。

2. 过程蓄排

通过新建、改建排水管网，提高排水泵站输送能力，增加调蓄设施等方式，增加排水系统的蓄排能力，尽快将降雨产生的径流输送至受纳水体。

3. 末端消纳

通过增加河湖面积、打通断头河、疏浚底泥等水系建设以及预降末端受纳河湖水位等措施，增加河湖受纳库容，降低城市因洪致涝风险。

（二）非工程措施

内涝治理的非工程措施是通过政策、管理、经济以及工程以外的其他技术手段，以减少内涝灾害损失的措施。如完善抢险救灾机制，制定居民应急撤离方案，加强社区管理，树立防内涝意识，建立城市内涝灾害预报预警系统等。

第二节　城市内涝应急救援

一、城市内涝救援的组织

（一）提前准备，做到从容应对

1. 气象信息提前预知

密切关注气象部门和防汛抗旱指挥部发出的暴雨预警信号，提前预知可能发生的暴雨天气，提前了解暴雨可能出现的时间、强度、持续时间、影响范围等气象信息并提早确定应对措施。

2. 知识技能提前准备

（1）应将抗洪抢险相关专业知识和技能的学习训练纳入业务学习计划中，利用暴雨少发季节提早开展理论知识学习和救援技能训练。

（2）指挥员要对驻地已发生内涝道路、交通、地形地势、人员分布、建筑物性质及结构、危险源等情况熟悉了解。

（3）救援技能的训练：一是救援器材装备的熟悉，包括装备的性能、操作使用方法、简单的常见故障排除等；二是水上救生技能的训练，包括游泳技能特别是在特殊水域如急流、湍流中的训练，使用不同装备进行水上救生的技能训练等；三是溺水人员的急救技能训练。

3. 人员物资提前到位

人员、物资是做好救援的基础和保障，一旦灾害发生再进行调集是难以保障的，因此应提前准备到位。

（1）人员的调集、部署、准备。在险情预测到来前，应尽量将思想作风过硬、业务身体素质好、救援经验丰富的人员调集起来组成应急救援小分队，对一旦暴雨降临可能造成大量人员、财产损失的重点区域、部位进行有针对性的提前到位部署，确保灾情一旦发生能第一时间赶赴现场救援。同时，要做好多个方向的救援准备。

（2）物资的准备。一是要准备好必要的救援装备，包括对讲机、救生衣、救援绳索、救生圈、安全绳、照明灯具、救生抛投器、冲锋舟、橡皮艇、刀具、破拆装备、移动式泵车等装备以及通信指挥车、抢险救援车、装载机、运兵车等车辆。二是要准备好必要的战斗、生活保障物资，包括救援帐篷、睡袋、军用水壶、胶鞋、毛巾、雨衣、饮用水、食物、急救药品、油料、生活保障车等。物资的准备，数量上应立足于打大战、打恶战、打多点战的需要；质量上要好中选优，确保管用、好用、耐用。

（二）精心组织，科学有序开展救援

越是灾情紧急，任务繁重，越需要科学、有序地开展救援工作，避免忙中出错，发生事故。做到科学有序开展救援工作应从以下几个方面入手。

1. 决策有依据

指挥员及时、果断、正确的决策，需要建立在对现场情况的准确把握、对可能发生的危险提前预见、对救援力量的合理评估及对救援行动方案的正确选择的基础上。

（1）对现场情况的准确把握。包括救援点的具体位置，灾害的具体表现形式，被困人员的数量及状态，救援路径、难度等。

（2）对可能发生的危险提前预见。包括水流的方向、速度等可能造成人员被冲走；水域存在的漩涡、紊流可能造成人员被吸入、溺水；水下不确定因素（如坑洞、杂物、其他异物等）可能造成人员被缠、被挂、船只倾覆等事故；其他危险源（如电线、危化品）

可能造成触电、中毒等危险。

（3）对救援力量的合理评估。包括救援装备，救援人员的数量及组成，人员的身体、心理、技能状态等。

（4）对救援行动方案的正确选择。选择救援行动方案时应把安全放在第一位，在此前提下应充分考虑现场的有利和不利条件，力争以最快的速度获取最佳的救援效果。

2. 行动有方案

救援原则确定后，应具体明确救援人员的人数及分工，进入现场的路径及方法，实施救援的步骤及方法，撤离的路径及方法，整个救援过程中的安全保护措施，以及发生意外情况时的紧急应对措施等，以此为依据按预案实施救援。

3. 安全有保障

整个救援行动一定要在确保安全的大前提下进行，做好安全保障应从以下几方面入手。

（1）思想有准备。参战官兵安全意识的树立要靠平时的安全教育及经验总结；在现场则依靠指挥员对现场情况的准确把握及对可能发生的危险的充分预判，在行动前使每一名参战人员充分认识潜在的危险；行动中则靠行动负责人及时提醒。

（2）装备有保障。救援人员除使用冲锋舟、橡皮艇，携带必要的救生衣、游泳圈、救援绳索等外，还要携带通信、求救设备，并事先约定联络的方法，同时携带发生危险时紧急脱险的刀具；其他人员还要准备好救生抛投器等应对意外的装备。

（3）行动有向导。暴雨灾害毕竟不是常态化的灾害，大部分指战员处置经验有限，特别是对现场情况不熟悉，这在行动中是一个潜在的巨大威胁。因此，在救援时指战员应服从联指调度安排、多询问现场情况；在陌生地域时应尽量寻求熟悉情况、经验丰富的地方干部群众作为向导协助救援。

（4）险情有先兆。在救援中，险情的排除是确保安全的重中之重，需要通过细致的观察及时发现现场情况的变化，依据水流流速、流向、船只的晃动、打横等现象提前判断可能出现的险情，并及早确定应对的措施。

二、洪水中遇险人员救援

（一）总的原则

抗洪抢险任务繁重，情况复杂，力量配置分散，灾害破坏性强，多点多面，在抗洪抢险中应把人员救援放在首位，保障人民群众和官兵人身安全，同时做好受灾物资的抢运工作，最大限度减少国家财产损失。

（二）抢护方法

1. 转移疏散人员

（1）指挥原则。当城区主要道路、涵洞、居民小区、学校、机关事业单位、重要厂房及其他要害目标受到洪水严重威胁时，指挥员应集中主要力量协同地方政府组织灾区群众迅速转移疏散。按照预案，通常以主要人力开展宣传、引导、搜寻、救助等工作。行动中，指挥员组织宣传队负责宣传动员，说服群众自行转移；组织引导队负责转移道路和方向的引导，维护交通秩序；组织搜寻队负责对人员转移后的区域进行搜寻，动员和组织没有转移的人员撤离危险区；组织救助队负责对自身转移有困难的群众实施救助。

（2）指挥员指挥要点。一是要明确角色定位，主要是协助地方政府组织转移疏散人员工作。二是要广泛开展撤离动员工作。向群众说明灾情的严重程度，劝说群众放弃侥幸心理。三是要组织好清理行动。采取分片包干的方式，派出搜寻队，查寻和动员个别躲避撤离的群众撤离危险区。四是要维持好转移秩序。在主要路口要派出警戒人员维护秩序、疏通人流，避免拥挤、堵塞，根据需要组织少量人力协助地方维持转移路途的秩序及治安。

2. 解救被困人员

当洪水已经泛滥成灾时，指挥员应迅速向地方政府、当地群众或联指了解受困人员的位置、数量、危险程度等情况，以主要人力编为解救、转移、宣传劝导等分队，集中力量解救受困群众。行动中，应按照先急后缓、先集体后个别、先救后送的原则，使用救生艇、橡皮艇、绳索、小型水上输送工具实施解救，指挥转移队将人员向灾民安置点转移。

当受困人员较多、解救行动难以一次完成时，指挥员应及时派出宣传劝导队靠前做好受困人员的思想稳定工作，确保受困人员情绪稳定；然后按照先妇女、儿童、老弱病残，后其他人员的顺序，逐批组织救送，防止因受困群众急于脱险、争抢输送工具而造成混乱和伤亡现象。在组织解救被困人员的同时，指挥员应指定人员向滞留在受困区域内的灾民介绍自救互救常识。

3. 搜救落水人员

搜救落水人员时，通常应做好编组，分安全警戒组和施救组。搜救中，指挥员应组织解救队尽量利用绳索牵引、抛投救生圈、钩杆钩、竹竿拉、救生艇、橡皮艇等手段快速施救。情况紧急时，在确保自身安全穿好救生衣的情况下，也可组织水性较好的官兵下水施救。激流救援时救援人员自身一定要用绳索固定，以防被激流冲走。

4. 发挥专业设备作用

城市内涝，主要是由于短时集中暴雨形成的。内涝发生时，道路淹没，行人无法行走，小车被淹，乘客需要转移出来。这时候水一般不是很深，我们可以派出应急分队的尖兵先行勘察路况（注意要充分利用当地向导），发挥装载机底盘高、机动灵活的独特作用，利用装载机开道和人力清除障碍快速到达救援地点。

对于装载机不能到达的地方，则用两栖特种车、冲锋舟、橡皮艇营救被困人员。执行城区内涝群众转移任务时，采取舟艇组合搜救方法：在狭窄巷道内，橡皮艇机动灵活、精准施救；在同时转移多人方面，冲锋舟乘载量大、巡航速度快。精准救援与高效转移相结合，大大提升了救援转移效率。

三、洪水中抢运转移物资

一般城市内涝比较严重时，在洪水到来前抢运物资，是消防救援队伍通常集中作业的任务之一。指挥员应根据当地政府和上级命令，组织队伍重点对被洪水破坏的银行、政府机构和重要文物等实施抢救。

消防救援队伍通常将主要力量编为装载、运输、卸载等队。

行动前，指挥员应组织装（卸）载队提前进入装（卸）载地，分配输送车辆，明确人员、物资的装（卸）载位置、时间和车辆进出道路，派出警戒哨，疏通道路，做好装（卸）载准备。

抢运行动中，指挥员应指定带车人员，加强指挥和通信联络，组织装载队负责装载物资和装载地的警戒；组织输送队负责运送物资和运输过程中的道路调整；组织卸载队负责卸载物资和卸载地的警戒。

装载时，指挥员应组织队伍按照有关规定，平稳放置物资并采取固定措施，对危险品实施分类装载，对难以运送的大型物件、固定物品和来不及运送的贵重物资，应予以加固登记；运输时，指定带车人员，加强指挥和通信联络；卸载时，严密组织，按照有关规定，平稳放置物资，并与有关部门做好物资的登记、移交工作等。

四、应急抽排水作业

（一）常见排水排涝任务

常见的排水排涝任务主要是农田、街道路面、建筑基坑、地下车库、地铁和涵洞隧道的应急排涝。

（二）常用排水排涝装备

1. 垂直式供排龙吸水

垂直式供排龙吸水采用全液压驱动，水泵及辅助机构均由液压驱动，无用电安全隐患；流量大，扬程高；水泵流道简单，具有很强的防堵塞性，可用于各种复杂工况；作业区域大，不需要其他辅助设备，泵管可悬空工作；工作范围大、操作便捷，可伸入地面以下排水；可垂直取水，也可用硬管向高处排水。

2. 高空式供排龙吸水

高空式供排龙吸水采用全液压驱动，水泵及辅助机构均由液压驱动，无用电安全隐患；流量大，扬程高；水泵流道简单，具有很强的防堵塞性，可用于各种复杂工况；不需要其他辅助设备，取水及送水管可悬空工作。工作范围大、操作便捷，在立交桥及下穿桥排水中，可伸入地面（桥面）以下排水；既可直接通过硬管跨过障碍往高处远处送水，也可通过软管送水。

3. 子母式供排龙吸水

子母式供排龙吸水采用全液压驱动，小履带行走、水泵及辅助机构均由液压驱动，无用电安全隐患；流量大，扬程高；水泵流道简单，具有很强的防堵塞性，可用于各种复杂工况；有线+无线遥控控制，无线遥控控制半径 100 m；履带车可长时间在浸泡于水中的状态下正常工作。

4. 其他常用排水排涝装备

远程排水消防车、排涝抢险车、大功率水罐车、浮艇泵、手抬机动泵和潜水泵。

（三）常规排水排涝程序

1. 个人防护

洪涝灾害发生后，生态破坏，水体污染，气候潮湿，蚊蝇滋生，消防救援人员要做好个人防护，建议不涉水指战员着全套抢险救援服、急流水域救生衣、水域救援头盔；涉水指战员根据涉水深度增着橡胶鞋、涉水裤、干式水域救生衣，并连接绳索保护；根据水体环境污染程度，增着橡胶手套和佩戴医用口罩，雨天增着雨衣。消防救援人员尽量保持皮肤清洁干燥，随身用毛巾等擦汗，可以在皮肤皱褶部位扑些痱子粉，用防水绷带覆盖任何伤口和划痕。

2. 现场侦查

接到排水排涝任务后，指挥员要问清楚联络人排涝点位置和具体任务，并通过微信等方法及时了解现场情况，适时调整到场力量。到场后，指挥员通过查看内涝水体和排放点位置、与道路的距离和排放点高差等来综合判断作业位置。在河流沟渠中要通过驾驶舟艇到靠近停车点附近河流中部，通过长竿找到水体最深的位置，确定排污泵安放位置。作业前要进行安全评估，科学制定排水排涝计划和安全防范措施，现场设立紧急救助小组，随时做好紧急情况处置。

（1）街道路面排涝：必须全面侦察评估周边路面环境、围墙建筑等受损和稳定情况，避开路面变形塌方、窨井盖缺失、建筑倾斜等危险区域，保持充足的安全距离。在作业中必须设置安全员，根据水位变化实时观察，遇有地基松软、结构失稳等情况严禁盲目作业。

（2）地下空间排涝：必须选派精干人员，戴空气呼吸器，提前侦测地下空间内部气体成分和浓度，经侦检设备检测确认安全后方可进入，编组轮换，保证通信畅通。

3. 排涝车辆停放

排涝车应停放在结实路面的高处，避开桥体、涵洞、易积水等位置，并与市电供电线路保持安全距离。

排涝车停放后，接地桩要尽量远离排涝车，插入土壤深度要满足接地要求，保持接地良好。

4. 架设排涝设备

排涝车优先使用市电供电。市电供电负荷不足或距离过远时，采用发电车或大功率发电机组进行供电。要对排污泵逐个编号，并将其架设在水体最深的水面（水面过浅时要挖掘集水坑，满足吸水深度），并通过绳索进行固定。排污泵周边可就近使用树木树杈或通过架设专用拦网拦截杂物。排污泵供电线路接口不宜放置在水体内，线路接口应用防雨布或专用防水装置进行保护。

排污泵与排涝车距离一般不得超过 50 m。排水管要沿道路一侧进行敷设，过十字路口架设水带护桥，由专人看护，垂直向下过转角位置，架设支护减小转角。排水口位置要选择在地势较低的位置，并靠近城市雨水固定排水口。水带排水口要使用绳索固定保护；排水口位置所在堤坡面应用防雨布进行保护。

5. 排水排涝作业

排水排涝作业前，应先通过筑子堤等方法，将高处来的水体疏导至雨水固定排水排污口。排水排涝优先使用雨水固定排水排污口。侦察掌握雨水固定排水排污口位置后，要通过长杆等装备进行疏通。要定期清除排污泵周围杂物。定期观察排水管道排水情况，若排水量减少或排水管有塌扁情况时，要及时清除排污泵周边拦网杂物。排涝车超过排污泵作业深度后，可以通过泵组接力排水。

（1）在夜间、高温等条件下实施长时间排涝作业时，应及时组织人员轮换，做好饮食补给和轮换休整，配备防暑降温物资。

（2）执行河流沟渠、开放水域、污染严重、可能有血吸虫等环境排水排涝任务时，在作业过程中必须加强水情观察，防止被蛇虫咬伤。

（3）提前检查输电电路受损情况，必要时可视情采取局部停电措施。清理排污泵杂物时应停止所有排污泵作业，并定期检查线路破损和接口密合情况。

6. 现场移交

排水排涝结束后，要及时向单位负责人或现场指挥部移交转移和疏散出的物品，同时应进行录像。

（四）排水排涝战术

1. 排水排涝战术原则

坚持“工程引流排水为先，工程机械排水结合，多种设备抽排协同”战术原则，合理调整排水力量，预先评估排水量，科学确定排水顺序。

（1）合理排序、确保重点。按照“医院、养老院、学校等特殊群体优先，电力、通信、供水等城市生命线工程优先，地铁、隧道、道路等交通基础设施优先”的顺序，综合积水量、排水设备数量、排水时间、工程排水措施等情况，科学确定各积水点的排水顺序，确保重点、兼顾一般。

（2）小片优先、大片攻坚。先期到场的排水力量要在确保重点的前提下，优先对小片水域进行抽排，待力量充足或采取工程排水降低水位后，再对大片水域进行攻坚抽排，以实现集小胜于大胜的目的。

（3）开渠引流、打通堵点。尽可能采取工程机械开渠引流、清理河道、打通堵点的排水措施，加快排水速度，缩短排水距离。

（4）排蓄结合、大小接力。在救灾中后期，可开挖蓄水池、引流渠，采取小泵核心区抽水、大泵接力输转、大小机械协同抽排的方法。

（5）长短搭配、流量匹配。合理选择相应水带长度的远程供水系统或扬程的潜水泵等装备，最大限度发挥装备效能。接力排水或将水排入开挖明渠中时，流量应基本匹配。

（6）选准排向，避免交叉。密切掌握各积水点水源和排水方向，确保将积水直接排入河道，避免循环排水、交叉排水。

2. 具体战术

（1）地下车库排涝：初期车库出入口、电梯竖井、楼梯或破拆口分散排，后期电力恢复后物业自排。

（2）地铁排涝：由铁建单位完成横向排涝，建立远距离排水线路；消防救援队伍作业人员构建临时蓄水池，利用通风井，完成竖向接力排涝战法（一般为小泵汇聚，大泵抽吸）。

（3）地下隧道排涝："大流量+高扬程"排水法，即"隧道纵深大功率横向引排至排水井、排水井竖向高扬程通过通风井抽排至地面"战法（一般为大流量汇聚，高扬程抽吸）。

（4）城市大面积内涝："占据城市内河主阵地、下水道抽排远距离接力引流"的战法。

3. 排水排涝战法

按照"一机三线"的人员配置，"一机"为水泵 1 台，"三线"为前线操作员 1 名、中线布线员 2 名、后线安全员 1 名。每台设备 4 名队员相互呼应，互相保障。

五、如何施救被淹小车

有实验证明，当地面水深超过 30~40 cm 时，大部分民用车辆会丧失抓地力；水深超过 60 cm 时，车辆很容易就会被冲走。如果水位不高，车门可以打开，可以在保证安全的前提下，迅速转移被救人员；如果水位较高，但车辆能够挪动，可以在第一时间内将车辆转移到安全地带，同时进行救人；如果车辆不能移动，可以破拆救人。

六、内涝抢险中的安全注意事项

（1）及时组织现地勘察。在抢险作业开展前，指挥员应当组织人员适时进行现地勘察，派出先导组，尽可能全面、翔实地掌握任务区域的地形和灾情的变化发展情况，为组织消防救援队伍防护与避险提供准备的依据。

（2）指挥员在组织消防救援队伍积极参加地方抢险的同时，应留足人力担负营区防灾自救任务。在洪水来临前，指挥员应主动了解暴雨水情，分析可能遇到的险情，熟悉区域特点，熟练掌握地图，制定防灾自救和人员转移方案，进行安全风险评估，落实各项防范和应对措施。

（3）适时派出观察警戒。指挥员应组织消防救援队伍向重要地段和方向派出安全员，规定信号，不间断与安全员进行通信联络，第一时间对险情作出预警和反应，对影响救援的电线等电力设备，使用绝缘器材或采取其他办法切断电源。

（4）注意组织消防救援队伍避开危险地段（建筑物）。对水中的房屋、围墙、大树、线杆等物体，尤其是久在水中浸泡的建筑物，指挥员要组织消防救援队伍尽量避开，避免受到伤害。

（5）每个小分队或单独执行任务的小组，都要配有经验的安全员加以督导检查安全落实情况。

（6）注意水流漩涡，尤其是下水道井盖处，最容易把人吸进去，引发危险。

（7）科学施救，不可蛮干，不可充英雄，只有掌握救援知识，熟知救援器材的使用方法，才能在确保自身安全的前提下救援别人。

（8）救援人员下水作业时，必须穿着水域专用救援服。

（9）涉水行动时要注意避开水面下的沟槽、窨井、洞穴等危险部位，在无法避开的积水区域则由安全员持探杆边摸索边前进。

（10）避开带电设备和线路。不在变压器或架空线下停留；不要在紧靠供电线路的高大树木或大型广告牌下停留；不要触摸电线附近的树木；不要靠近电线杆和斜拉铁线。

（11）如已被卷入洪水中，一定要尽可能抓住固定的或能漂浮的东西，寻找机会逃生。

思考题

1. 城市内涝易发高发地点位于哪里？
2. 造成城市内涝的原因有哪些？
3. 城市内涝治理的工程措施和非工程措施包括哪些？
4. 在城市内涝应急救援中，当遭遇洪水中遇险人员时，请简述其抢护方法。
5. 应急抽排水作业里常规排水排涝程序是什么？
6. 应急抽排水作业里常采用的排水排涝战法是什么？

第四章　抗洪抢险技术

特殊的地理、气候条件决定了我国是一个洪涝灾害严重的国家，抗洪抢险任务十分艰巨。了解防汛情况，增长防汛知识，特别是深入学习抗洪抢险技术，对于开展抗洪抢险工作是非常必要的。抗洪抢险技术，不仅传授了具体的抢险方法和策略，还深刻蕴含了坚韧不拔、众志成城的民族精神。在抗洪抢险的过程中，每一个抢险队员都是守护家园的战士，他们不畏艰难，舍小家为大家，以实际行动诠释着对人民、对国家的忠诚与担当。这种精神，正是我们中华民族在面临重大挑战时所展现出的英勇与坚定。学习抗洪抢险技术，不仅要提高我们的专业技能，更要激发我们的爱国情怀和集体主义精神，为保卫家园、保护人民安全贡献自己的力量。

第一节　防汛抗洪概述

我国幅员辽阔，江河纵横，南北方、东西部自然地理条件差异很大，降雨的时空分布极不均匀。我国受洪水严重威胁的地区主要在七大江河中下游，这些地区高程大多处于江河洪水位之下，含有全国约二分之一的人口、三分之一的耕地和四分之一的工农业总产值。特殊的地理、气候条件决定了我国是一个水旱灾害严重的国家，防汛抗洪工作十分重要。

一、我国洪涝灾害概况

我国幅员辽阔，被太平洋、印度洋及北冰洋三大水系环抱，且内陆腹地江河众多。其中，以长江、黄河、淮河、海河、珠江、松花江及辽河等七大江河为代表的，流域面积在 100 km^2 以上的河流就有 1500 多条，遍布全国。为了治理这些大江大河，国家先后修建完善了 41 万公里的江河堤坝等防护工程，但许多堤坝多年来历经风雨、饱经沧桑，长年遭受大自然的侵蚀及人为因素影响，堤身坝体比较脆弱，一旦遭受特大洪水或暴雨时，如果抢修维护措施不力，可能酿成决堤等重大洪涝灾害。洪涝灾害对人民生命财产、国民经济建设构成严重的现实威胁，阻碍着社会的繁荣和发展，影响着社会的稳定和安全。我国地域辽阔，具有发生多种类型洪水灾害的自然条件，是世界上发生洪灾最为严重的少数国家之一。公元前 206 年至 1949 年的 2155 年间，全国发生较大洪涝灾害 1092 次，平均每两年发生一次较大水灾。1931 年江淮大水，洪灾遍及河南、山东、江苏、湖北、湖南、江西、安徽、浙江等 8 省，淹没农田 1.46 亿亩，死亡 40 万人。1990 年至 2018 年，我国洪涝灾害造成的直接经济损失高达 43761. 61 亿元。2021 年 7 月 20 日郑州暴雨造成河南省 150 个县（市、区）1478. 6 万人受灾，因灾死亡失踪 398 人，其中郑州市 380 人；直接经济损失 1200. 6 亿元，其中郑州市 409 亿元。

（一）洪水形成的因素

洪水形成的因素很多，主要包括两个方面：一方面是自然因素，另一方面是人为因素，它们相互影响、错综复杂。

1. 复杂的地形因素

我国地形复杂多样。山地、高原、盆地、丘陵、平原五种类型的地形齐全，且每种地形的面积都很广大。总的地势是西部和北部高，东部和南部低、平缓。这种自西向东渐次降低的地势，对于我国河流的流向起着决定性的作用，也是中部、东部、南部易形成洪水的原因之一。因为西部高，河流狭窄、比降大，水流急，而中、东、南部地形平缓，水流速度减缓，所以易形成积水。

2. 多样的气候因素

我国地域辽阔、地形复杂、气候也多样。作为气候产物的河流，受降水的多少和季节的变化影响最大。降水的形式和强度又影响到河流水量的补给、洪水的形成。另外，我国特殊的季风气候、梅雨、台风雨也都影响河流水量的变化。我国东南，特别是岭南一带，从 4 月雨水开始增多，延续到 9 月，汛期也是在这个时期。华北、东北地区则是秋雨较多，6—8 月的雨量占全年的 50%～70%。梅雨天气是初夏时期，南北冷暖气流在江淮一带交锋，停留时间较长，而引起的一种阴沉多雨天气，造成江淮一带雨水多，河流水位高。我国沿海常常受到台风的影响，狂风暴雨对河流的水量影响很大。2020 年第 4 号台风黑格比于 8 月 4 日凌晨 3 时 30 分前后以近巅峰强度在浙江省乐清市沿海登陆，登陆时中心附近最大风力有 13 级（38 m/s）。受其影响，8 月 3 日至 5 日，浙江温州、台州、金华等地部分地区累计降雨量 250～350 mm，温州永嘉和乐清局地达 400～552 mm。2021 年 7 月 17 日至 23 日，河南省遭遇历史罕见特大暴雨，最强降雨时段为 19 日下午至 21 日凌晨，20 日郑州国家气象站出现最大日降雨量 624. 1 mm，接近郑州平均年降雨量 640. 8 mm。

3. 组成的地表因素

我国南部山地，大都由花岗岩和其他一些比较坚硬的岩石组成，下雨后，雨水下渗很少，大都形成地表径流流入江河，增加了河流水量。北方山地，山顶光秃，岩石裸露，表面缺乏残积层覆盖，渗漏力很弱，降雨后水流下注，形成山洪，河流水位急速上升。东北平原地势低平，排水不畅，气温较低，蒸发不大，全年降雨量多而集中，易形成洪水。长江中下游地区，大都是水网稻田地，地下渗透力很小，降雨后，大都形成地表径流汇入江河，造成江河水位上涨。

4. 森林的覆盖因素

我国森林面积不多，但是，森林对河流含沙量和径流量，以及水土保持、涵养水源都有很大益处。植被严重破坏的地区，河流中含沙量多，我国河流以多沙而著称。世界各地河流每立方米的含沙量，一般以克为单位来表示。而我国的河流却往往以千克为单位。东北森林保存较多，所以松花江含沙量小于 100 g/m^3。植被可防止地面被冲刷，并形成各种阻力来影响水流强度；还可以截留降水量，使地表水汇流迟缓，增大下渗的水量。据观测，就年降水量而言，桦树、枫树植被能截留 22% 的水量，松树植被能截留 24% 的水量，板树植被能截留 43% 的水量，平均截留 25% ~ 30% 的水量。而破坏植被、大量地砍伐森林，不仅会引起严重的水土流失，而且使雨季山洪暴发，旱季水量大减，会造成严重的水旱灾害。森林对于以融雪为主的河流，影响较大。因为森林能截留较多降雪量，积雪不致被风吹散，保存时间长，融化较慢，水又很容易被松散的森林土壤吸收。所以，森林可以起到很好的涵蓄水源的作用。

5. 人类的活动因素

人类的活动因素主要有两个方面：一方面是有利于防洪蓄水，如植树造林、拦河筑坝、修造水库、修造人工河、修建梯田、农业灌溉等。另一方面是不利于防洪蓄水，破坏生态现状，如大肆无计划地砍伐森林、破坏植被，盲目地围湖造田、挤占河道等。洞庭湖曾号称八百里洞庭，是我国面积最大的一个淡水湖，然而在近数十年内，却变成一个支离破碎的湖泊，面积已大大缩小，自 20 世纪 50 年代以来，调蓄的容量减少 40%；还有鄱阳湖等湖泊，有的被泥沙淤积，有的被盲目围垦，已使一些湖泊日益丧失了调节江河水量的作用，湖泊的生态环境及自然资源，受到了不同程度的影响和破坏。此外，人口的增多、工业的发展、核武器的试验等都会引起气候的变化和生态的失衡，最终导致洪水泛滥成灾。

6. 特殊的厄尔尼诺或拉尼娜现象

从 20 世纪 30 年代以来，我国的气象学家就用太平洋上海洋和大气的变动来分析研究大陆的旱涝。80 年代以来，随着热带海洋和全球大气试验计划（TOGA 计划）的实施，我国在热带海洋，特别是厄尔尼诺和气候变化关系方面的研究更加迅速和广泛，并取得很多成果。如在厄尔尼诺现象发生的当年，影响我国的夏季风较弱，雨带偏南，长江流域发生洪涝灾害。这一现象对我国的冷、暖、台风都有影响。百年来最强的 1997 年、1998 年的厄尔尼诺现象，影响大气环流变化异常，平均气温比往年升高 4 ~ 5 ℃，造成江南、华南地区降水量过多。同时因气温升高，使高山终年积雪、冰川加速融化，加大了以雪水为来源的江河流量。日本东京大学教授山形俊男认为 1998 年中国长江流域的特大洪水，就是厄尔尼诺现象造成的。

（二）水灾的特点

1. 季节比较明显

由于降雨量的季节性变化及我国河流的分布状况，使水灾的发生有明显的季节性。春夏之交，华南地区多降暴雨，受其影响，珠江流域的东江、北江，在 5—6 月期间易发生洪水，西江在 6 月中旬至 7 月中旬易发生洪水。淮河、黄河、海河及辽河流域主要洪水期为 7—8 月。松花江流域的洪水主要在 8—9 月发生。另外，沿海地区由于受台风的影响，在 6—7 月的梅雨期内易发生洪水。

2. 地域相对集中

除沙漠、极端干旱区和高寒区外，约 2/3 的国土面积都有可能发生不同程度和不同类型的洪水灾害。其中，山地、丘陵和高原约占 70%，易发生山洪灾害和冰雪灾害；平原约占 20%，大都处于黄河、淮河、海河、长江、珠江、辽河、松花江七大江河的中下游地区，是我国发生洪水灾害最严重、最普遍的地域。另外，我国海岸线长达 18 000 余千米，受潮汐、台风、风暴等影响，也时常发生海岸洪水灾害。

3. 危害相当严重

洪水灾害对农业的危害最大，一旦发生，将淹没、冲毁农作物，破坏农业生产设施，造成农业生产减产或绝收。同时，洪水还会危及城乡居民的生命财产安全，毁损社会财产，破坏交通、通信、电力系统及水利设施。

4. 洪水有两面性

洪水有两面性，它既是一种造成灾害的自然现象，又是保持自然生态平衡的生态过程。人们应当做的是在谋求社会经济发展的同时，如何既能尽量减少洪水所造成的灾害损失，又能尽力保持洪水在自然生态环境中所发挥的洗涤、净化、补充地下水，维持湖沼、改良土壤等重要而有益的作用。

二、防汛管理体制机制

（一）防汛的组织机构

1. 国家防汛抗旱总指挥部

国家防汛抗旱总指挥部的前身是 1950 年经中央人民政府政务院（现为中华人民共和国国务院）批准成立的中央防汛总指挥部，1971 年改为中央防汛抗旱总指挥部，1992 年更名为国家防汛抗旱总指挥部。

《国务院办公厅关于调整国家防汛抗旱总指挥部组成人员的通知》（国办发〔2019〕12 号）中提到：国家防汛抗旱总指挥部办公室设在应急部（现为应急管理部，下同），承担总指挥部日常工作，办公室主任由应急管理部防汛抗旱司司长担任。

2. 流域防汛抗旱指挥机构

在长江、黄河、松花江、淮河等流域设立流域防汛抗旱总指挥部，负责指挥所管辖范围内的防汛抗旱工作。流域防汛抗旱总指挥部由有关省、自治区、直辖市人民政府和该江河流域管理机构的负责人等组成，其办事机构设在流域管理机构。

3. 地方各级人民政府防汛抗旱指挥机构

有防汛抗旱任务的县级以上地方人民政府设立防汛抗旱指挥部，在上级防汛抗旱指挥机构和本级人民政府的领导下，组织和指挥本地区的防汛抗旱工作。防汛抗旱指挥部由本级政府和有关部门、当地驻军、人民武装部负责人等组成，其办事机构设在同级应急管理主管部门。

4. 其他防汛抗旱指挥机构

水利部门所属的各流域管理机构、水利工程管理单位、施工单位以及水文部门等，在汛期成立相应的专业防汛抗灾组织，负责本流域、本单位的防汛抗灾工作；有防洪任务的重大水利水电工程、有防洪任务的大中型企业根据需要成立防汛抗旱指挥部。针对重大突发事件，可以组建临时指挥机构，具体负责应急处理工作。

（二）防汛机构的职责

（1）贯彻执行国家有关防汛工作的方针、政策、法规、法令。

（2）组织制定和实施各种防御洪水方案，包括：重要江河的防御特大洪水方案，蓄滞洪区运用的预案，水库汛期调度计划，在建工程的度汛计划，防台风、防凌、防山洪、防泥石流等对策方案。

（3）掌握汛期雨情、水情和气象形势，及时了解降雨地区的暴雨强度、洪水流量、水位以及防洪工程的运行情况等。

（4）提出实时洪水调度方案和抗洪抢险对策。

（5）组织检查防汛准备工作。

（6）负责有关防汛物资的储备、管理和防汛资金的计划使用。

（7）掌握洪涝灾害情况。

（8）组织防汛抢险队伍，调配抢险劳力和技术力量。

（9）督促蓄滞洪区安全建设和应急撤离转移准备工作。

（10）组织防汛通信和预警系统的建设管理。

（11）开展防汛宣传和组织培训，推广先进的防汛抢险技术。

（三）防汛责任制

1. 行政首长负责制

行政首长负责制是各种防汛责任制的核心，是取得防汛抢险胜利的重要保证，也是历来防汛斗争中行之有效的措施。防汛抢险需要动员和调动各部门、各方面的力量，党、政、军、民全力以赴，发挥各自的职能优势，同心协力共同完成。因此，防汛指挥机构需要政府主要负责人亲自主持，全面领导和指挥防汛抢险工作，实行防汛行政首长负责制。

全省的防汛工作，由省长负责，地（市）、县（区）的防汛工作，由专员（市长）、县（区）长负责。行政首长负责制的主要内容有以下几点。

（1）贯彻实施国家有关防洪法律、法规和政策，组织制定本地区有关防洪措施。

（2）建立健全本地区防汛抗旱指挥机构及其常设办事机构。

（3）按照本地区的防洪规划，加快防洪工程建设。

（4）负责督促本地区各项防汛准备工作的落实和重大清障项目的完成。

（5）组织有关部门制定本地区防御洪水预案，并督促各项措施的落实。

（6）贯彻执行上级部门防洪调度命令，做好防汛宣传和思想动员工作，组织抗洪抢险，及时安全转移受灾人员和国家重要财产。

（7）组织筹集防汛抗洪经费和物资。

（8）组织开展灾后救助，恢复生产，修复水毁工程，保持社会稳定。

2. 分级负责制

根据防洪工程所处地区、工程等级和重要程度等，确定分级管理运用、指挥调度的权限责任。在统一领导下，对防洪工程实行分级管理、分级调度、分级负责。

3. 岗位责任制

工程管理单位的业务处室和管理人员，以及护堤员、防汛人员、抢险队员等要制定岗位责任制，明确任务和要求，定岗定责，落实到人。对岗位责任制的范围、项目、安全程度、责任时间等，要作出明确规定。

4. 技术责任制

在防汛抢险工作中，为充分发挥技术人员的专长，实现科学抢险、优化调度以及提高防汛指挥的准确性和可能性，凡是评价工程抗洪能力、确定预报数字、制定调度方案、采取抢险措施等有关技术问题，均应由专业技术人员负责、建立技术责任制。在下达关系重大的技术决策时，要组织相当技术级别的人员进行咨询，以防失误。

5. 值班责任制

为了随时掌握汛情，防汛抗旱指挥机构应建立防汛值班制度，以便及时加强上下联系，多方协调，充分发挥防洪设施的作用。汛期值班人员的主要职责有以下几点：

（1）及时掌握汛情。汛情一般包括水情、工情和灾情。水情：按时了解雨情、水情实况和水文、气象预报；工情：当雨情、水情达到某一数值时，要了解尾矿库防洪设施的运行情况；灾情：主动了解受灾的范围和人员伤亡情况以及抢救的措施。

（2）按时请示报告。对于重大汛情及灾情要及时向上级汇报；对需要采取的防洪措施要及时请示批准执行；对授权传达的指挥调度命令及意见，要及时准确传达。

（3）对发生的重大汛情要整理好值班记录，以备查阅，并归档保存。

（4）汛期实施 24 小时值班值守制度，严格执行交接班制度，认真履行交接班手续。

三、防汛基本

（一）降水

我国的降水期主要集中在夏季，年内分布不均，年际间变化也较大。

1. 降水量的地区分布

我国平均年降水量自东南向西北变化显著，离海岸线越远，年降水量越小，华北平原和淮河下游地区一般为 500~700 mm。淮河流域和秦岭山区、昆明至贵阳一线至四川的广大地区，年降水量一般为 800~1000 mm；长江中下游两岸地区年降水量为 1000~1200 mm；东北鸭绿江流域约为 1200 mm；云南西部、西藏东南部因受西南季风影响，年降水量超过 1400 mm；东南沿海地区年降水量超过 1600 mm。

2. 降水的季节性

中国大陆受夏季风的影响，降水季节变化大。淮河、长江上游干流以北、华北、东北等广大地区，多年平均连续4个月的最大降水量均发生在6—9月；江西大部、湖南东部、福建西部发生在3—6月；长江中游、四川、广东及广西大部为5—8月；黄河中游渭河和泾河一带以及海南岛东部为7—10月。北方地区4个月的最大降雨量占多年平均年降水量的80%，降水程度较集中的地区在7—8月两个月的降水量可占全年降水量的50%~60%。

3. 台风与风暴潮

我国是多台风的国家（平均每年有6~9个台风在我国登陆），每年5月至次年2月都有台风登陆。在我国东、南部沿海至辽宁海岸都有台风登陆或受台风影响，其中，台风在广东、海南、福建和台湾登陆次数最多，约占台风登陆总数的85%。台风一般在7—9月登陆的次数最多，约占总数的77%。

（二）洪水类型

按照河流洪水成因条件，洪水类型可分为暴雨洪水、融雪洪水和冰凌洪水。

1. 暴雨洪水

我国绝大多数河流的洪水是暴雨产生的。暴雨洪水的特点导致暴雨也受流域下垫面条件的影响。同一流域不同的暴雨要素、暴雨笼罩面积、过程历时、降水总量以及暴雨中心位置移动的路径等可以形成大小和峰型不同的洪水。

2. 融雪洪水

融雪洪水是由冰融水和积雪融水形成的。融雪洪水主要分布在我国东北和西北部高纬度山区，冬季积雪，翌年春夏气温升高，积雪融化，形成融雪洪水。如果气温急剧升高，大面积积雪迅速融化会形成较大融雪性洪水。融雪洪水一般发生在4—5月，洪水历时长，涨落缓慢。我国永久性积雪区（现代冰川）面积为5800多平方公里，主要分布在西藏和新疆地区，占全国冰川面积的90%以上，其余分布在青海省和甘肃省等地区。

3. 冰凌洪水

大量冰凌阻塞河道，在河道内形成冰塞或冰坝，使上游水位明显壅高，当冰塞溶解，冰坝突然破坏时，河道槽蓄的水量集中下泄，形成冰凌洪水。例如，1967年黄河上游中宁河段曾出现50天的冰塞现象，造成了较严重的冰凌洪水灾害；1969年2月黄河下游泺口以上形成20余公里的冰坝造成水位壅高，使大堤发生严重险情。

（三）河流与湖泊

1. 河流

我国流域面积在100 km^{2}以上的河流有5万多条。其中：流域面积在1000 km^{2}以上的河流有1500多条；流域面积在10000 km^{2}以上的河流有79条。绝大多数河流分布在我国东部和南部地区。

2. 湖泊

我国水面面积大于1 km^{2}的湖泊有2305个。其中：面积在1000 km^{2}以上的湖泊有12

个，湖泊总水面面积约为 71000 km^2，约占全国总水面面积的 0.8%。总蓄水容量约为 7088 亿 m^3。我国内陆较大的湖泊有鄱阳湖、洞庭湖、太湖、洪泽湖等。较大的咸水湖有青海湖、呼伦湖等。

（四）洪涝灾害

据统计，自公元前 206 年至 1949 年的 2155 年中，我国共发生较大洪涝灾害 1029 次，平均每两年发生一次水灾。1950—1990 年的 41 年间，全国平均每年受灾面积 1.17 亿亩，因水灾直接死亡人数为 5500 人。1991—1999 年，全国平均每年受灾面积 2.48 亿亩，因洪涝灾害死亡 3944 人。

（五）防洪体系

1. 工程体系：水库、堤防、闸涵、蓄滞洪区等

2021 年 9 月 9 日，国务院新闻办公室举行新闻发布会，时任水利部部长李国英表示，目前，全国已建成各类水库 9.8 万多座、总库容 8983 亿 m^3，修建了各类河流堤防 43 万 km，开辟了 98 处国家蓄滞洪区、总容积达到 1067 亿 m^3。以水库、河道及堤防、蓄滞洪区为主要组成的流域防洪工程体系，成为暴雨洪水来临时保障人民群众生命财产安全的一张“王牌”。

2. 防洪非工程措施（含防台风、山地灾害）

（1）雨、水情监测。

（2）洪水预警预报。

（3）洪水调度决策。

（4）超标准洪水预案。

（5）蓄滞洪区管理。

（6）分蓄洪水预案。

（7）抢险救灾组织。

（8）洪水风险图。

（9）防洪保险。

（10）防洪减灾的法规和政策。

（六）防洪的量化指标

1. 洪水的量化

（1）流量：单位时间内通过某一断面的水体体积。

（2）洪量：一定时段内通过河流某断面的洪水量。

（3）洪峰：洪水从涨到落过程，一次洪水过程的最大流量。

（4）含沙量：单位体积河水中所含泥沙量。

（5）输沙量：一定时段内通过河流某断面的泥沙量。

2. 特征水位

（1）警戒水位：堤防临水到一定深度，有可能出现险情时规定的水位。无堤防河道根

据历史洪水位高度确定。

（2）保证水位：根据防护对象防洪标准设计的堤防设计洪水位或江河现有防洪标准情况下必须确保的上限水位。

（3）汛限水位：指水库在汛期允许蓄水的上限水位。

（4）设计洪水位：设计标准洪水时，水库的最高洪水位。

（5）校核洪水位：校核洪水时，水库的最高洪水位。

（6）分洪水位：分洪工程的运用水位。

3. 洪水等级划分

（1）小洪水是指洪水要素重现期小于 5 年的洪水。

（2）中洪水是指洪水要素重现期为大于等于 5 年、小于 20 年的洪水。

（3）大洪水是指洪水要素重现期为大于等于 20 年、小于 50 年的洪水。

（4）特大洪水是指洪水要素重现期大于等于 50 年的洪水。

4. 台风与热带气旋

登陆我国的热带气旋（或台风）生成于西太平洋热带洋面，是一个直径为 100~200 km 的暖性涡旋。世界气象组织规定：涡旋中心附近最大风力小于 8 级时称热带低压，风力达 8~9 级时称热带风暴，10~11 级时称强热带风暴，当风力大于或等于 12 级时称台风。

第二节　堤坝渗水险情抢护

一、险情说明

渗水俗称“散浸”“洇水”等，其主要表现特征：在汛期或持续高水位的情况下，江湖水通过堤身向堤内渗透。由于堤身土料选择不当、堤身断面单薄或施工质量等方面的原因，渗透到堤内的水较多，浸润线相应抬高，使得堤背水坡出逸点以下土体湿润或发软，有水渗出，称为渗水。渗水是堤坝常见的险情之一，如图 4-1 所示。

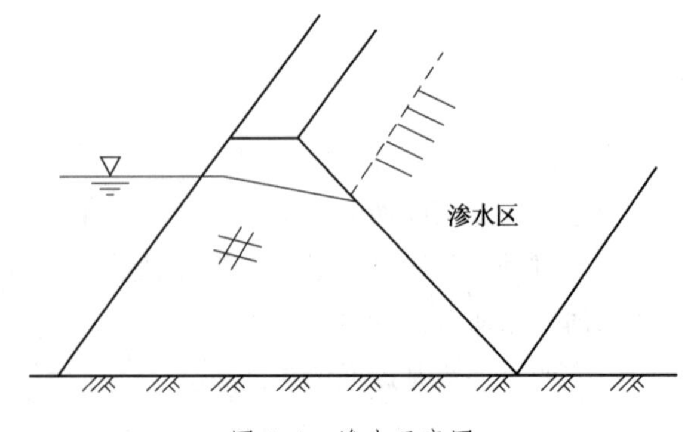

图 4-1　渗水示意图

（一）渗水险情产生的原因

堤坝产生渗水的主要原因有以下几点。

（1）超警戒水位持续时间长。

（2）堤坝断面尺寸不足。

（3）堤身填土含沙量大，临水坡又无防渗斜墙或其他有效控制渗流的工程措施。

（4）由于历史原因，土石堤坝多为民工挑土而筑，填土质量差，没有进行正规的碾压；有的土石堤坝在填筑时含有冻土、团块和其他杂物，夯实不够等。

（5）堤坝的历年培修，使堤内有明显的新老接合面存在。

（6）堤身隐患，如蚁穴、蛇洞、暗沟、易腐烂物、树根等。

（二）渗水险情的判别

渗水险情的严重程度可以从渗水量、出逸点高度和渗水的浑浊情况等三个方面加以判别，常从以下几方面区分险情的严重程度。

（1）堤背水坡严重渗水或渗水已开始冲刷堤坡，使渗水变浑浊，有发生流土险情恶化溃坝风险，须立即组织抢护处理。

（2）渗水是清水，但如果出逸点较高（黏性土堤防不能高于堤坡的1/3，而对于沙性土堤防，一般不允许堤身渗水），易产生堤背水坡滑坡、漏洞及陷坑等险情，也要及时抢护处理。

（3）因堤防浸水时间长，在堤背水坡出现渗水。渗水出逸点位于堤脚附近，为少量清水，经观察并无发展，同时水情预报水位不再上涨或上涨幅度不大时，可加强观察，注意险情的变化，暂不处理。

（4）其他原因引起的渗水，通常与险情无关，如堤背水坡江水位以上出现渗水，系由雨水、积水排出造成。

应当指出的是，许多渗水的恶化都与雨水的作用关系甚密，特别是填土不密实的堤段。在降雨过程中，应密切注意渗水的发展，该类渗水易引起堤身凹陷，从而使一般渗水险情转化为重大险情。

二、抢护方法

（一）抢护原则

渗水的抢护原则是“前堵后排”。“前堵”即在堤坝临水侧用透水性小的黏性土料做外帮防渗，也可用篷布、土工膜隔渗，从而减少水体入渗到堤内，达到降低堤内浸润线的目的。后排即在堤背水坡上做一些反滤排水设施，用透水性好的材料如土工织物、沙石料或稻草、芦苇做反滤设施，让已经渗出的水，有控制地流出，不让土粒流失，增加堤坡的稳定性。需特别指出的是，背水坡反滤排水只缓解了堤坡表面土体的险情，而对于渗水引起的滑动效果不大，需要时还应做压渗固脚平台，以控制可能因堤背水坡渗水带来的脱坡险情。

（二）抢护技术

为减少堤防的渗水量，降低浸润线，达到控制渗水险情发展和稳定堤防边坡的目的，特别是渗水险情严重的堤段，如渗水出逸点高、渗出浑水、堤坡裂缝及堤身单薄等，应采用临水截渗。临水截渗一般应根据临水的深度、流速，风浪的大小，取土的难易，酌情采用以下方法。

1. 复合土工膜截渗

当堤临水坡相对平整和无明显障碍时，采用复合土工膜截渗是简便易行的办法。具体做法是：在铺设前，将临水坡面铺设范围内的树枝、杂物清理干净，以免损坏土工膜。土工膜顺坡长度应大于堤坡长度 1 m，沿堤轴线铺设宽度视堤背水坡渗水程度而定，一般超过险段两端 5~10 m，幅间的搭接宽度不小于 50 cm。每幅复合土工膜底部固定在钢管上，铺设时从堤坡顶沿坡向下滚动展开，同时用土袋压盖，以免土工膜随水浮起，并提高土工膜的防冲能力（图 4-2），也可用复合土工膜排体作为临水面截渗体。

彩图 4-2

图 4-2　土工膜截渗示意图

2. 抛黏土截渗

当水流流速和水深不大且有黏性土料时，可采用临水面抛填黏土截渗。将临水面堤坡的灌木、杂物清除干净，使抛填黏土能直接与堤坡土接触。抛填既可从堤肩由上向下抛，也可用船只抛填。当水深较大或流速较大时，可先在堤脚处抛填土袋构筑潜堰，再在土袋潜堰内抛黏土。黏土截渗体一般厚 2~3 m，高出水面 1 m，超出渗水段 3~5 m，黏土前戗截渗示意图如图 4-3 所示。

3. 土袋（桩柳）前戗截渗

如果堤前有水流，戗土易被冲走时，可采用土袋（桩柳）前戗截渗，如图 4-4 所示。

如果水浅，可在临水坡脚外砌筑一道土袋防冲墙，其厚度与高度以能防止流冲戗土为宜。水深较大时，因水下土袋筑墙困难，工程量大，可做桩柳防冲墙，如图 4-5 所示，即

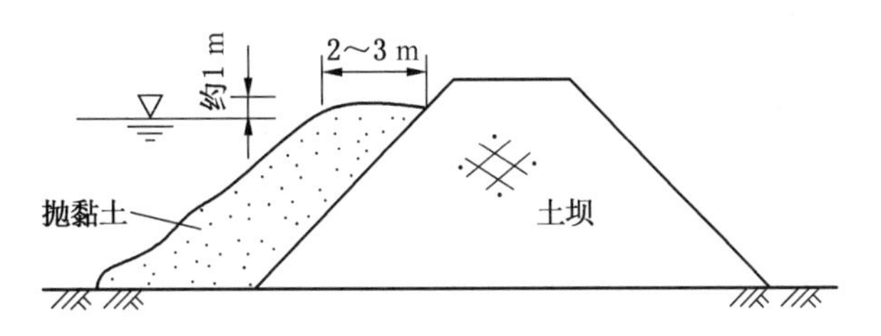

图 4-3　黏土前戗截渗示意图

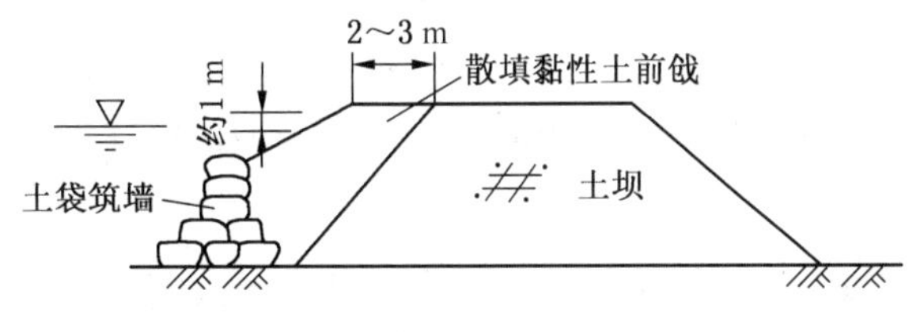

图 4-4　土袋前戗截渗示意图

在临水坡脚前 0.5~1 m 处，打木桩一排，桩距 1 m，桩长根据水深和流势决定，一般以入土 1 m 桩顶高出水面为度。

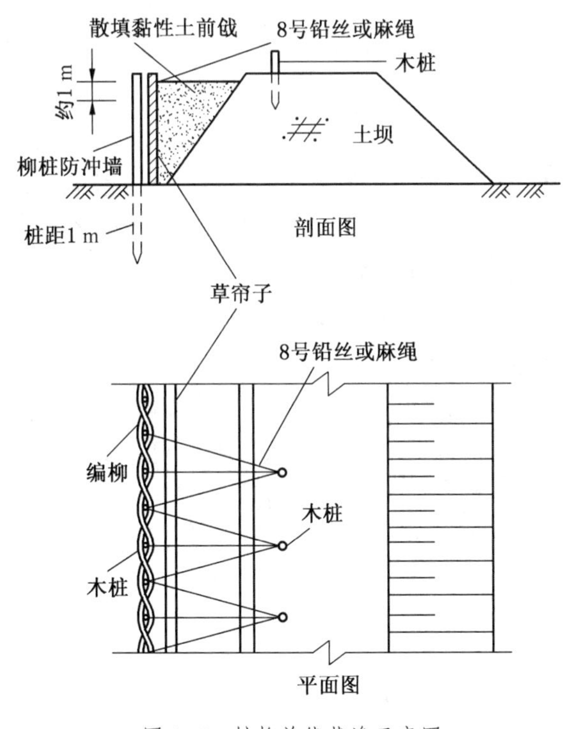

图 4-5　桩柳前戗截渗示意图

在打好的木桩上，用柳枝或芦苇、秸料等梢料编成篱笆，或者用竹竿、木杆将木桩连起，上挂芦席或草帘、苇帘等。编织或挂帘高度以能防止流冲戗土为度。木桩顶端用 8 号铅丝或麻绳与顶面或背水坡上的木桩拴牢。

在做好坡面清理并备足土料后，可在桩柳墙与边坡之间填土筑戗。戗体尺寸和质量要求与上述黏土前戗截渗法相同。

4. 背水坡反滤沟导渗

当堤背水坡大面积严重渗水，而在临水侧迅速做截渗有困难时，只要背水坡无脱坡或渗水变浑情况，可在背水坡及其坡脚处开挖导渗沟，排走背水坡表面土体中的渗水，恢复土体的抗剪强度，控制险情的发展。

根据反滤沟内所填反滤料的不同，反滤导渗沟可分为三种：在导渗沟内铺设土工织物，其上回填一般的透水料，称为土工织物导渗沟；在导渗沟内填砂石料，称为砂石导渗沟；因地制宜地选用一些梢料作为导渗沟的反滤料，称为梢料导渗沟。

1）导渗沟的布置形式

导渗沟的布置形式可分为纵横沟、Y 字形沟和人字形沟等。以人字形沟的应用最为广泛，效果最好，Y 字形沟次之，如图 4-6a 所示。

2）导渗沟尺寸

导渗沟的开挖深度、宽度和间距应根据渗水程度和土壤性质确定。在一般情况下，开挖深度、宽度和间距分别选用 30~50 cm、30~50 cm 和 6~10 m。导渗沟的开挖高度，一般要达到或略高于渗水出逸点位置。导渗沟的出口，以导渗沟所截得的水排出离堤脚 2~3 m外为宜，尽量减少渗水对堤脚的浸泡。

3）反滤料铺设

边开挖导渗沟，边回填反滤料。反滤料为砂石料时，应控制含泥量，以免影响导渗沟的排水效果；反滤料为土工织物时，土工织物应与沟的周边结合紧密，其上回填碎石等一般的透水料，土工织物搭接宽度以大于 20 cm 为宜；回填滤料为稻糠、麦秸、稻草、柳枝、芦苇等，其上应压透水盖重，如图 4-6b~图 4-6d 所示。

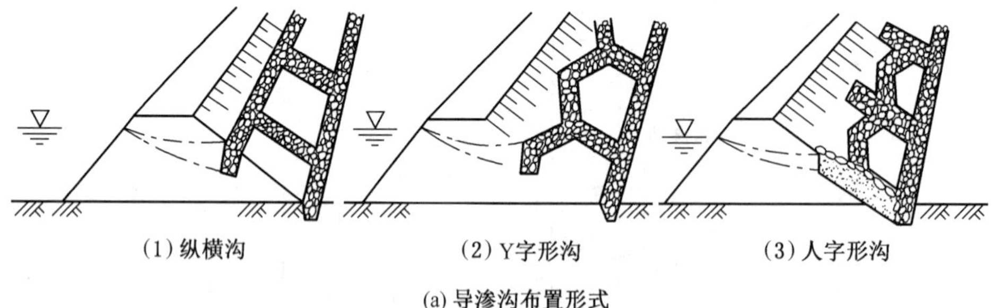

(a) 导渗沟布置形式

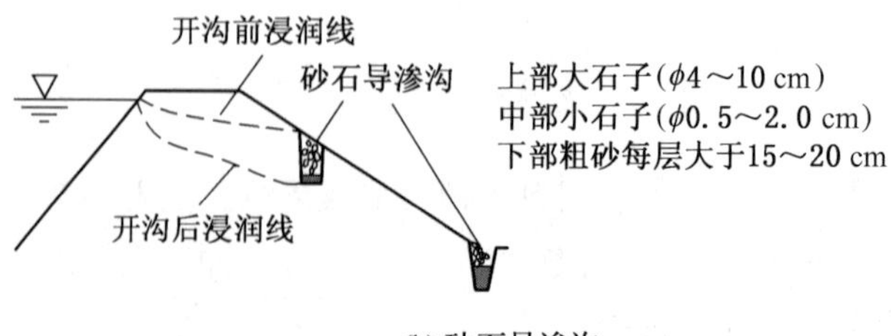

(b) 砂石导渗沟

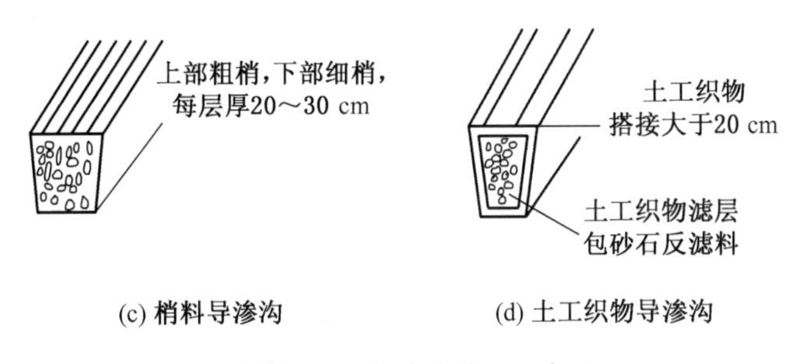

图 4-6　导渗沟铺设示意图

5. 背水坡贴坡反滤导渗

当堤身透水性较强，在高水位下浸泡时间长久，导致背水坡面渗流出逸点以下土体软化，开挖反滤导渗沟难以成形时，可在背水坡作贴坡反滤导渗。在抢护前，先将渗水边坡的杂草、杂物及松软的表土清除干净，然后，按要求铺设反滤料。根据使用的反滤料不同，贴坡反滤导渗可以分为 3 种：土工织物反滤层；砂石反滤层；梢料反滤层，如图 4-7 所示。

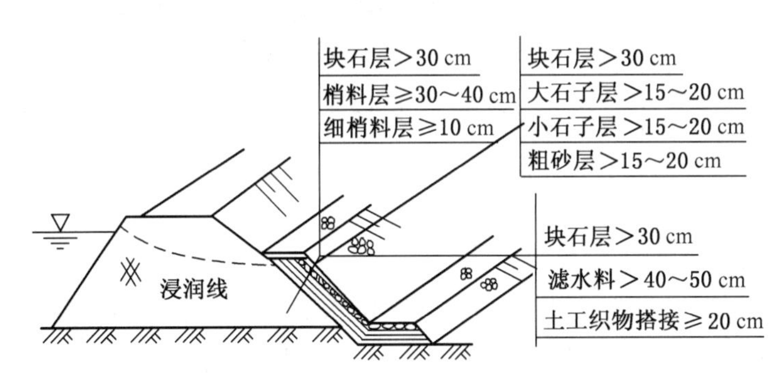

图 4-7　土工织物、砂石、梢料反滤层示意图

6. 透水后戗法

当堤防断面单薄，背水坡较陡，对于大面积渗水，且堤线较长，全线抢筑透水压渗平台的工作量大时，可以结合导渗沟加间隔透水压渗平台的方法进行抢护。透水压渗平台根据使用材料不同，有以下两种方法。

（1）砂土后戗。如图 4-8 所示，首先将边坡渗水范围内的杂草、杂物及松软表土清除干净，再用砂砾料填筑后戗，要求分层填筑密实，每层厚度 30 cm，顶部高出浸润线出逸点 0.5~1.0 m，顶宽 2~3 m，戗坡一般为 1∶3~1∶5，长度超过渗水堤段两端至少 3 m。

（2）梢土后戗。当填筑砂砾压渗平台缺乏足够料物时，可采用梢土代替砂砾，筑成梢土压浸平台。其外形尺寸以及清基要求与砂土压渗平台基本相同，如图 4-9 所示，梢土压渗平台厚度为 1~1.5 m。贴坡段及水平段梢料均为 3 层，中间层粗，上、下两层细。

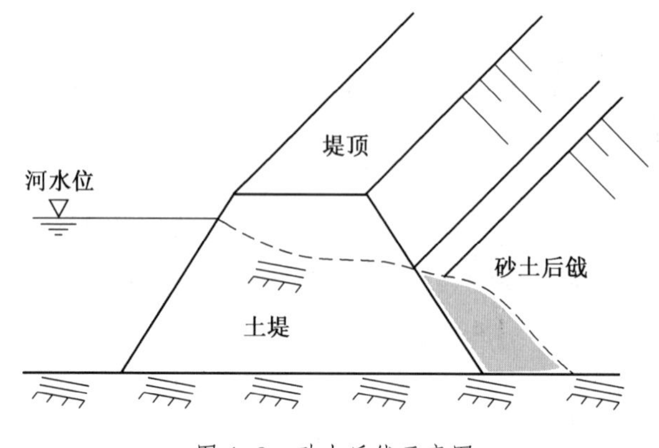

图 4-8　砂土后戗示意图

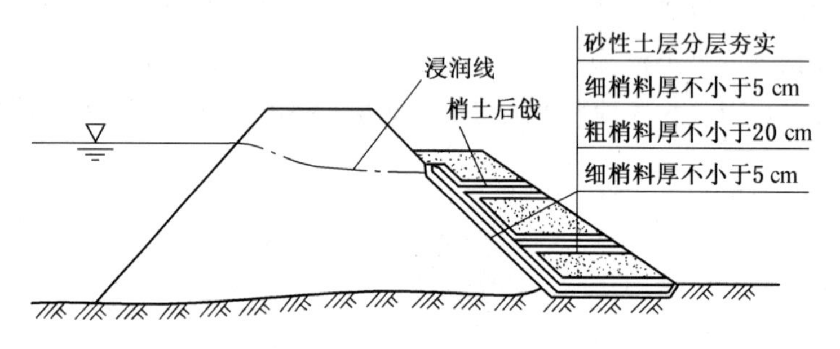

图 4-9　梢土后戗示意图

7. 渗水抢险注意事项

（1）对渗水险情的抢护，原则上应遵守“临水截渗、背水导渗”原则。但临水截渗，需在水下摸索，施工较难。为了避免耽误时机，在临水截渗措施实施的同时，更要注意在背水面抢做反滤导渗。

（2）在渗水堤坝段坡脚附近，如有深潭、池塘，在抢护渗水险情的同时，应在堤坝坡脚处抛填块石或土袋固基，以免因堤坝基础变形而引起险情扩大。

（3）在使用土工织物、土工膜及土工编织袋等化纤材料的运输、存放和施工过程中，应尽量避免和缩短其直接受阳光暴晒的时间，并在完工以后，在其表面覆盖一定厚度的保护层。

（4）采用砂石料导渗，应严格按照质量要求分层铺设，并尽量减少在已铺好的层面上践踏，以免造成对滤层的人为破坏。

（5）从不同导渗沟开挖形式的导渗效果看，斜沟（Y 字形与人字形）比竖沟好，因为斜沟导渗面积比竖沟大，渗水收效快，可结合实际，因地制宜选定导渗沟的开挖形式，但背水坡上一般不要开挖纵沟。

（6）在抢护渗水险情中，应尽量避免在渗水范围内来往践踏，以免加大加深稀软范围，造成施工困难和扩大险情。

（三）善后处理

渗水抢险常用背水坡开挖导渗沟、做透水后戗和在临水坡做黏土防渗层的方法，汛后应对这些措施进行复核。凡是处理不当或属临时性措施的均应按新的设计方案组织实施，在施工中要彻底清除各种临时物料。若背水坡采用了导渗沟，对符合反滤要求的可以保留，但要做好表层保护。不符合设计要求的，汛后要清除沟内的杂物及填料，按设计要求重新铺设。若抢险时误用比堤身渗透系数小的黏土做了后戗台，则应予清除，必要时可重做透水后戗或贴坡排水。

第三节　堤坝管涌险情抢护

一、险情说明

在渗流水作用下的土颗粒群体运动，称为“流土”。填充在骨架空隙中的细颗粒被渗水带走，称为“管涌”。通常将上述两种渗透破坏统称为管涌（又称翻砂鼓水、泡泉），如图 4-10 所示。管涌险情的发展以流土最为迅速，它的过程是随着出水口涌水挟砂增多，涌水量也随着增大，逐渐形成管涌洞，如将附近堤坝（闸）基下砂层淘空，就会导致堤坝（闸）身骤然下挫，甚至酿成决堤垮坝灾害。据统计，1998 年汛期，长江干堤近 2/3 的重大险情是管涌险情。所以发生管涌时，决不能掉以轻心，必须迅速予以处理，并进行必要的监护。

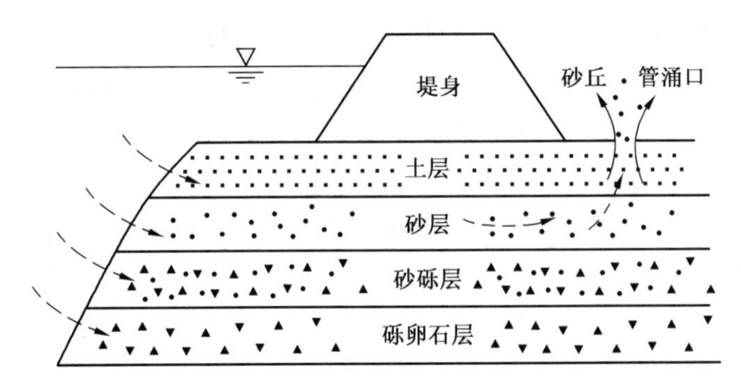

图 4-10　管涌险情示意图

（一）管涌险情产生的原因

管涌形成的原因是多方面的。一般来说，堤防基础为典型的二元结构，上层是相对不透水的黏性土或壤土，下面是粉砂、细砂，再下面是砂砾卵石等强透水层，并与河水相通。在汛期高水位时，由于强透水层渗透水头损失很小，堤防背水侧数百米范围内表土层底部仍承受很大的水压力。如果这股水压力冲破了黏土层，在没有反滤层保护的情况下，粉砂、细砂就会随水流出，从而发生管涌。堤防背水侧的地面黏土层不能抗御水压力而遭到破坏的原因大致为以下几点。

（1）防御水位提高，渗水压力增大，堤背水侧地面黏土层厚度不够。

（2）历史上溃口段内黏土层遭受破坏，复堤后，堤背水侧留有渊潭，渊潭中黏土层较薄，常有管涌发生。

（3）历年在堤背水侧取土加培堤防，将黏土层挖薄。

（4）建闸后渠道挖方及水流冲刷将黏土层减薄。

（5）在堤背水侧钻孔或勘探爆破孔封闭不实，以及一些民用井的结构不当，形成渗流通道。

（6）由于其他原因将堤背水侧表土层挖薄。

（二）管涌险情的判别

管涌险情的严重程度一般可以从以下几个方面加以判别：管涌口离堤脚的距离、涌水浑浊度及带砂情况、管涌口直径、涌水量、洞口扩展情况、涌水水头等。由于抢险的特殊性，目前都是凭有关人员的经验来判断。在具体操作时，可从以下几方面分析判别管涌险情的危害程度。

（1）管涌一般发生在背水堤脚附近地面或较远的坑塘洼地。距堤脚越近，其危害性就越大。一般以距堤脚15倍水位差范围内的管涌最危险，在此范围以外的次之。

（2）有的管涌点距堤脚虽远一点，但是，随着管涌不断发展，管涌口径不断扩大，管涌流量不断增大，带出的砂越来越粗，数量不断增大，这也属于重大险情，需要及时抢护。

（3）有的管涌发生在农田或洼地中，多是管涌群，管涌口内有砂粒跳动，似“煮稀饭”，涌出的水多为清水，险情稳定，可加强观测，暂不处理。

（4）管涌发生在坑塘中，水面会出现翻花鼓泡，水中带砂、色浑，有的由于水较深，水面只看到冒泡，可潜水探摸，是否有凉水涌出或在洞口是否形成砂环。需要特别指出的是，由于管涌险情多数发生在坑塘中，管涌初期难以发现。

（5）堤背水侧地面隆起（牛皮包、软包）、膨胀、浮动和断裂等现象也是产生管涌的前兆，只是目前水的压力不足以顶穿上覆土层。随着江水位的上涨，有可能顶穿，因而对这种险情要高度重视并及时进行处理。

二、抢护方法

（一）抢护原则

管涌险情的抢护原则是：制止涌水带砂，而留有渗水出路。这样既可使砂层不再被破坏，又可以降低附近渗水压力，使险情得以控制和稳定。简而言之就是“反滤导渗，蓄水反压”。

值得警惕的是，管涌虽然是堤防溃口极为明显和常见的原因，但对它的危险性仍存在认识不足、措施不当，或麻痹疏忽、贻误时机的问题，如大围井抢筑不及，或高围井倒塌都曾造成决堤灾害。

（二）抢护技术

1. 反滤围井

在管涌口处用编织袋或麻袋装土抢筑围井，井内同步铺填反滤料，从而制止涌水带砂，以防险情进一步扩大，当管涌口很小时，也可用无底水桶或汽油桶做围井。这种方法适用于发生在地面的单个管涌或管涌数目虽多但比较集中的情况。对水下管涌，当水深较浅时也可以采用这种方法。

围井面积应根据地面情况、险情程度、料物储备等来确定。围井高度应以能够控制涌水带沙为原则，但也不能过高，一般不超过 1.5 m，以免围井附近产生新的管涌。对管涌群，可以根据管涌口的间距选择单个或多个围井进行抢护。围井与地面应紧密接触，以防造成漏水，使围井水位无法抬高。

围井内必须用透水料铺填，切忌用不透水材料。根据所用反滤料的不同，反滤围井可分为以下几种形式。

1）砂石反滤围井

砂石反滤围井是抢护管涌险情的最常见形式之一。选用不同级配的反滤料，可用于不同土层的管涌抢险。在围井抢筑时，首先应清理围井范围内的杂物，并用编织袋或麻袋装土填筑围井。然后根据管涌程度的不同，采用不同的方式铺填反滤料：对管涌口不大、涌水量较小的情况，采用由细到粗的顺序铺填反滤料，即先装细料，再填过渡料，最后填粗料，每级滤料的厚度为 20~30 cm，反滤料的颗粒组成应根据被保护土的颗粒级配事先选定和储备；对管涌口直径和涌水量较大的情况，可先填较大的块石或碎石，以消杀水势，再按前述方法铺填反滤料，以免较细颗粒的反滤料被水流带走。反滤料填好后应注意观察，若发现反滤料下沉，可补足滤料，若发现仍有少量浑水带出而不影响其骨架结构（即反滤料不下陷），可继续观察其发展，暂不处理或略抬高围井水位。管涌险情基本稳定后，在围井的适当高度插入排水管（塑料管、钢管和竹管），使围井水位适当降低，以免围井周围再次发生管涌或井壁倒塌。同时，必须持续不断地观察围井及周围情况的变化，及时调整排水口高度，如图 4-11 所示。

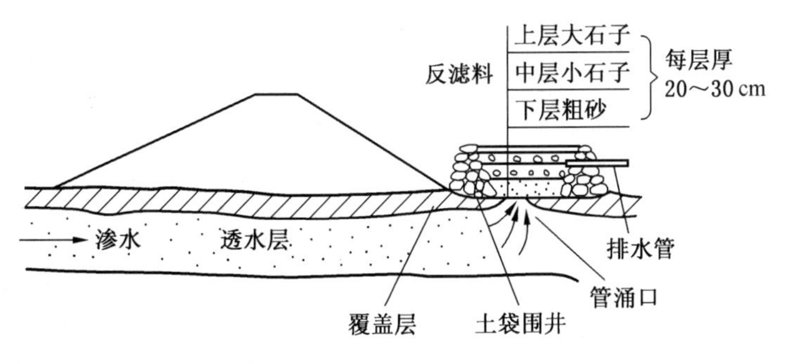

图 4-11　砂石反滤围井示意图

2）土工织物反滤围井

首先，对管涌口附近进行清理平整，清除尖锐杂物。管涌口用粗料（碎石、砾石）充填，以消杀涌水压力。铺土工织物前，先铺一层粗砂，粗砂层厚 30～50 cm。其次，选择合适的土工织物铺上。需要特别指出的是，土工织物的选择是相当重要的，并不是所有土工织物都适用。选择的方法可以将管涌口涌出的水砂放在土工织物上从上向下渗几次，看土工织物是否淤堵。若管涌带出的土为粉砂时，一定要慎重选用土工织物（针刺型）；若为较粗的砂，一般的土工织物均可选用。要注意的是，土工织物铺设一定要形成封闭的反滤层，土工织物周围应嵌入适中，土工织物之间用线缝合。再次，在土工织物上面用块石等强透水材料压盖，加压顺序为先四周后中间，最终中间高、四周低。最后，在管涌区四周用土袋修筑围井。围井修筑方法和井内水位控制与砂石反滤围井相同，如图 4-12 所示。

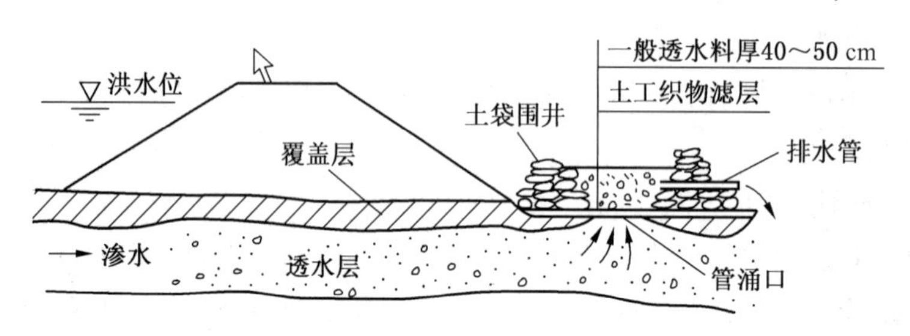

图 4-12　土工织物反滤围井示意图

3）梢料反滤围井

梢料反滤围井用梢料代替砂石反滤料做围井，适用于砂石料缺少的地方。下层选用麦秸、稻草，铺设厚度 20～30 cm。上层铺粗梢料，如柳枝、芦苇等，铺设厚度 30～40 cm。梢料填好后，为防止梢料上浮，梢料上面压块石等透水材料。围井修筑方法及井内水位控制与砂石反滤围井相同，如图 4-13 所示。

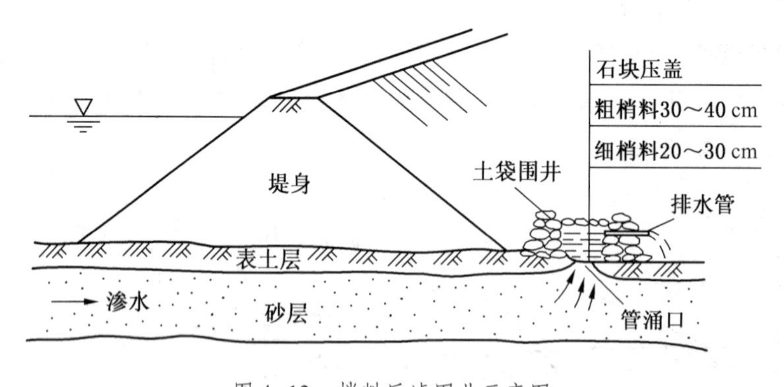

图 4-13　梢料反滤围井示意图

4）装配式反滤围井

装配式反滤围井主要由单元围板、固定件、排水系统和止水系统 4 部分组成。围井大小可根据管涌险情的实际情况和抢险要求组装，一般为管涌孔口直径的 8～10 倍，围井内水深由排水系统调节，如图 4-14 所示。

图 4-14　装配式反滤围井

单元围板是装配式围井的主要组成部分，由挡水板、加筋角铁和连接件组成。单元围板的宽度为 1 m，高度为 1 m、1.2 m 和 1.5 m，对应的重量分别为 16 kg、17.5 kg 和 19.5 kg。固定件的主要作用是连接和固定单元围板，为 ϕ21 mm 的钢管，其长度为 2 m、1.7 m 和 1.5 m，分别用于 1.5 m、1.2 m 和 1 m 的围井。在抢险施工时，将钢管插入单元围板上的连接孔，并用重锤将其夯入地下，以固定围井。排水系统由带堵头排水管件构成，主要作用为调节围井内的水位。如围井内水位过高，则打开堵头排除围井内多余的水；如需抬高围井内的水位，则关闭堵头，使围井内水位达到适当高度，然后保持稳定。多余的水不宜排放在装配式围井周围，应通过连接软管排放至适当位置。单元围板间的止水系统采用复合土工膜，用于防止单元围板间漏水。

与传统的围井构筑方式相比，装配式围井安装简捷、效果好、省工省力，能大大提高抢险速度，节省抢险时间，并降低抢险强度。抢险主要过程为：确定装配式围井的安装位置，以管涌孔口处为中心，根据预先设定的围井大小（直径），确定围井的安装位置；开设沟槽，可使用开槽机或铁铲开设一条沟槽，深 20～30 cm；将根据预算设定的单元围板全部置于沟槽中，实现相互之间的良好连接，并用锤将连接插杆夯于地下；将单元围板上的止水复合土工膜依次用压条及螺丝固定在相邻一块单元围板上；用土将单元围板内外的沟槽进行回填，并保证较少的渗漏量；如遇到砂质土壤，可在沟槽内放置一些防渗膜；检查验收。

2. 反滤层压盖

在堤内出现大面积管涌或管涌群时，如果料源充足，可采用反滤层压盖的方法，以降低涌水流速，制止地基泥沙流失，稳定险情。反滤层压盖必须用透水性好的材料，切忌使用不透水材料。根据所用反滤材料不同，可分为以下几种。

1）砂石反滤压盖

在抢筑前，先清理铺设范围内的杂物和软泥，同时对其中涌水涌砂较严重的出口用块石或砖块抛填以消杀水势，然后在已清理好的管涌范围内，铺粗砂一层，厚约 20 cm；再铺小石子和大石子各一层，厚度均约 20 cm；最后压盖块石一层予以保护，如图 4-15 所示。

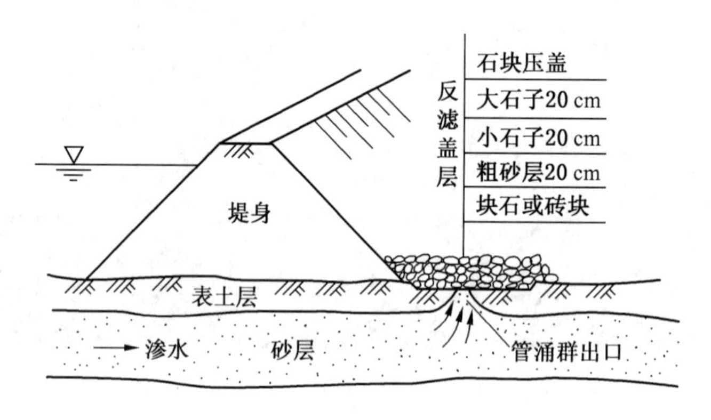

图 4-15　砂石反滤压盖示意图

2）梢料反滤压盖

当缺乏砂石料时，可用梢料做反滤压盖，其清基和消杀水势措施与砂石反滤压盖相同。在铺筑时，先铺细梢料，如麦秸、稻草等，厚 10～15 cm；再铺粗梢料，如柳枝、秫秸和芦苇等，厚 15～20 cm，粗细梢料共厚约 30 cm；然后再铺席片、草垫或苇席等，组成一层。视情况可只铺一层或连铺数层，然后用块石或沙袋压盖，以免梢料漂浮，如图4-16 所示。必要时再盖压透水性大的砂土，修成梢料透水平台。

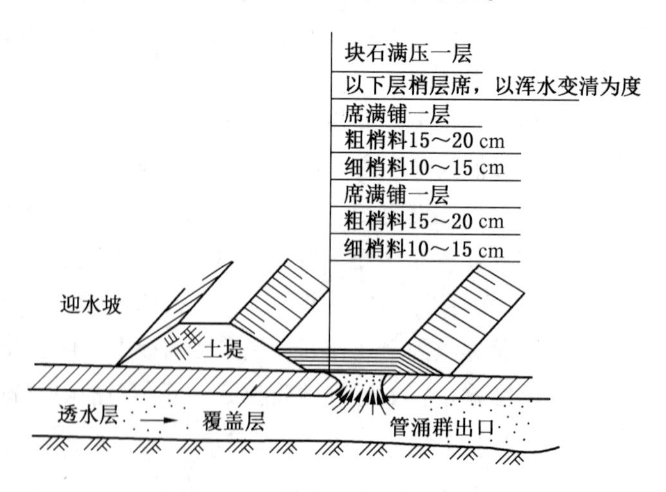

图 4-16　梢料反滤压盖示意图

梢层末端应露出平台脚外，以利渗水排出。梢料总的厚度以能够制止涌水携带泥沙、变浑水为清水、稳定险情为原则。

3）土工织物反滤压盖

此法适用于铺设反滤料面积较大的情况。在清理地基时，应把一切带有尖、棱的石块和杂物清除干净，并加以平整。先铺一层土工织物，其上铺砂石透水料，最后压块石或沙袋一层，如图 4-17 所示。

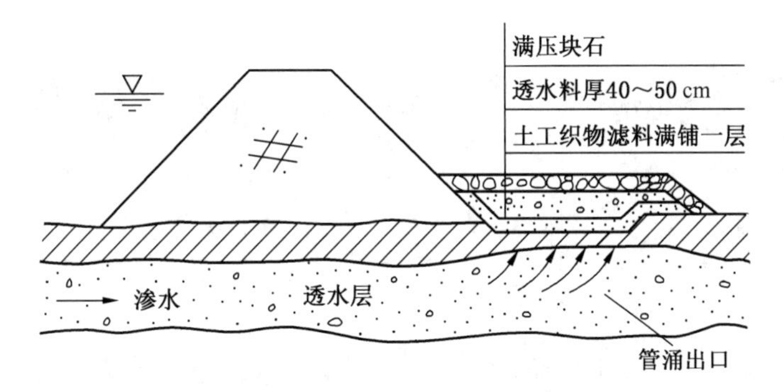

图 4-17 土工织物反滤压盖示意图

3. 蓄水反压

通过抬高管涌区内的水位来减小堤内外的水头差，从而降低渗透压力，减小出逸水力坡降，达到制止管涌破坏和稳定管涌险情的目的，俗称养水盆，如图 4-18 所示。

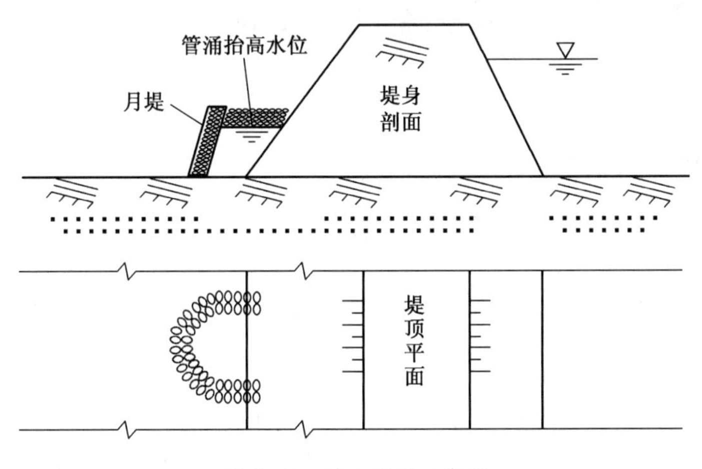

图 4-18 蓄水反压示意图

该方法的适用条件是：闸后有渠道，堤后有坑塘，利用渠道水位或坑塘水位进行蓄水反压；覆盖层相对薄弱的老险工段，结合地形，做专门的大围堰（或称月堤）充水反压；极大的管涌区，其他反滤盖重难以见效或缺少砂石料的地方。蓄水反压的主要形式有以下几种。

1）渠道蓄水反压

在一些穿堤建筑物后的渠道内，由于覆盖层减薄，常产生一些管涌险情，且沿渠道一定长度内发生。针对这种情况，可以在发生管涌的渠道下游做隔堤，隔堤高度与两侧地面平，蓄水平压后，可有效控制管涌的发展。

2）塘内蓄水反压

有些管涌发生在塘中，在缺少砂石料或交通不便的情况下，可沿塘四周做围堤，抬高塘中水位以控制管涌。但应注意不要将水面抬得过高，以免周围地面出现新的管涌，如图4-19所示。

图4-19 塘内蓄水反压示意图

彩图4-19

3）围井反压

对于大面积的管涌区和老险工段，由于覆盖层很薄，为确保汛期安全度汛，当背水堤脚附近出现分布范围较大的管涌群险情时，可在堤背出险范围外抢筑大的围井（又称背水月堤或背水围堰），并蓄水反压，控制管涌险情。月堤可随水位升高而加高，直到险情稳定为止，然后安设排水管将余水排出。

采用围井反压时，由于井内水位高、压力大，围井要有一定的强度，同时应严密监视周围是否出现新管涌。切忌在围井附近取土。

4）其他

对于一些小的管涌，一时又缺乏反滤料，可以用小的围井围住管涌，蓄水反压，制止涌水带砂。也有的用无底水桶蓄水反压，达到稳定管涌险情的目的。

4. 透水压渗台

在河堤背水坡脚抢筑透水压渗台，以平衡渗水压力，增加渗径长度，减小渗透坡降，且能导渗滤水，防止土粒流失，使险情趋于稳定。此法适用于管涌险情较多、范围较大、反滤料缺乏，但砂土料丰富的堤段。具体做法是：先在管涌发生的范围内将软泥、杂物清除，对较严重的管涌出口用砖、砂石、块石等填塞；待水势消杀后，再用透水性大的砂土修筑平台，即为透水压渗台，其长、宽、高等尺寸视具体情况确定。

5. 水下管涌险情抢护

在坑、塘、水沟和水渠处经常发生水下管涌，给抢险工作带来困难。可结合具体情况，采用以下处理办法。

（1）反滤围井：当水深较浅时，可采用这种方法。

（2）水下反滤层：当水深较深，做反滤围井困难时，可采用水下抛填反滤层的办法。如管涌严重，可先填块石以消杀水势，然后从水上向管涌口处分层倾倒砂石料，使管涌处形成反滤堆，使砂粒不再带出，从而达到控制管涌险情的目的，但这种方法使用砂石料较多。

（3）蓄水反压：当水下出现管涌群且面积较大时，可采用蓄水反压的办法控制险情，可直接向坑塘内蓄水；如果有必要，也可以在坑塘四周筑围堤蓄水。

（4）填塘法：在人力、时间和取土条件能迅速完成任务时可用此法。填塘前应先对较严重的管涌用块石、砖块等填塞，待水势消杀后，集中人力和施工机械，采用砂性土或粗砂将坑塘填筑起来。

6. 牛皮包的处理

当地表土层在草根或其他胶结体作用下凝结成一片时，渗透水压把表土层顶起而形成的鼓包，俗称为“牛皮包”。一般可在隆起的部位，铺麦秸或稻草一层，厚 10~20 cm，其上再铺柳枝、秫秸或芦苇一层，厚 20~30 cm。如厚度超过 30 cm 时，可分横竖两层铺放，铺好后，用钢锥戳破鼓包表层，让水分和空气排出，然后再压土袋或块石保护。

7. 堤坝加固

管涌险情的发展，将导致堤坝裂缝、沉陷。在抢护管涌的同时，应迅速抢护堤身险情。为防止管涌对周围环境造成大的影响，可采取综合有效措施控制险情：外侧闭渗，防洪水沿缝渗漏；加固加高堤坝，防洪水漫溢。

8. 管涌抢护注意事项

（1）在堤坝背水坡附近抢护时，切忌使用不透水的材料堵塞，以免截断排水出路，造成渗透坡降加大，使险情恶化。对于经过各种方法处理后排出的清水，应引至排水沟。

（2）在堤坝背水坡抢筑压浸台时，不能使用黏性土料，容易造成渗水无法排出，加剧险情。

（3）对无滤层减压围井的采用，必须具备减压围井中所提条件，同时，由于井内水位高，压力大，井壁围堤要有足够的高度和强度，并应严密监视围堤周围地面是否有新的管涌出现。同时，还应注意不要在险区附近挖坑取土，否则会因为井大抢筑不及，或围堤倒塌造成决堤溃坝危险。

（4）对严重管涌的险情抢护，应以反滤围井为主，并优先选用砂石反滤围井，辅以其他措施。反滤盖层只能适用于渗水量较少，渗透流速较小的涌泉，或普遍渗水的地区。

（5）用梢料压土袋处理管涌时，需留出水口，更不能将土袋搬走，以免渗水大量涌出使险情恶化。

（6）修导渗设施时，各层粗细石料颗粒大小要合理，既能排渗，又不能让细粒被水带走，一般两层间颗粒级配系数为5~10倍，但必须分层明确，不得混掺。

（7）使用土工织物反滤导渗时，管涌冒出的砂土颗粒要与土工织物匹配，因此，备料时，应选几种不同导渗参数的土工织物以备急用。

（三）善后处理

管涌抢险，多数是采用回填反滤料的方法进行处理，有时也采用稻草、麦秆等作临时反滤排水材料。对后者，汛后必须按反滤要求重新处理；对前者则应探明原因，重新复核后分别对待。若汛期无细砂带出，也没有发生沉陷，表明抢险工程基本满足长期运行要求，可不再进行处理；若经汛期证明不能满足反滤要求者，汛后则应按设计要求进行处理。

第四节　堤坝漏洞险情抢护

一、险情说明

在汛期或高水位情况下，堤坝背水坡或坡脚附近出现横贯堤坝本身的渗流孔洞，称为漏洞，如图4-20所示。如漏洞流出浑水，或由清变浑，或时清时浑，均表明漏洞正在迅速扩大，堤坝身有可能发生塌陷甚至溃决的危险。因此，发现漏洞险情，必须慎重对待，全力以赴，迅速进行抢护。

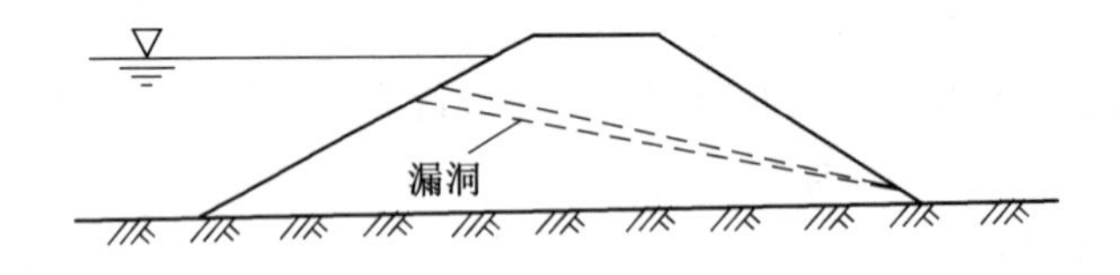

图4-20　漏洞险情示意图

（一）漏洞产生原因

漏洞产生的原因是多方面的，主要包括以下几个方面。

（1）填筑质量差。施工时，土料含砂量大，有机质多，碾压不实，分段填筑接头未处理好，均属质量差，造成局部土质不符合要求，在上下游水头差作用下形成渗流通道。

（2）沉陷不均。地基产生不均匀沉陷，将会在堤坝中产生贯穿性横向裂缝，进而形成渗漏通道。

（3）内部隐患。动物在堤坝中筑巢打洞，如白蚁、獾、鼠等。其中，白蚁对堤坝造成的破坏最为严重。

（4）与建筑物接合部位薄弱。如沿堤坝修建闸站等建筑物时，在其与土堤的接合处，由于填压质量差，堤坝在高水位时浸泡渗水，水流集中，汇合出流，流速冲动泥土，细小颗粒被带出，从而导致漏洞的形成。

（5）其他。如基础处理不彻底，背水坡无反滤设施或反滤设施标准较低等。

（二）漏洞险情判别

1. 漏洞险情的特征

从上述漏洞形成的原因及过程可以看出，漏洞贯穿堤身，使洪水通过孔洞直接流向堤背水侧。漏洞的出口一般发生在背水坡或堤脚附近，其主要表现形式有以下几种。

（1）漏洞出现之初，因漏水量小，堤土很少被冲动，所以漏水较清，叫作清水漏洞。此情况的产生一般伴有渗水的发生，初期易被忽视。但只要查险仔细，就会发现漏洞周围“渗水”的水量较其他地方大，应引起特别重视。

（2）漏洞一旦形成后，出水量明显增加，且渗出的水多为浑水，因而一些地方形象地被称为“浑水洞”。漏洞形成后，洞内形成一股集中水流，漏洞扩大迅速。由于洞内土的崩解、冲刷，出水水流时清时浑，时大时小。

（3）当水深较浅时，漏洞进水口的水面上往往会形成漩涡，所以在背水侧查险发现渗水点时，应立即到临水侧查看是否有漩涡产生。

2. 漏洞险情探测

1）水面观察法

对于漏洞较大的情况，其进口附近的水面常出现漩涡。若漩涡不太明显时，可在水面上撒些泡沫塑料、碎草、谷糠、木屑等易漂浮物，若发生旋转或集中现象，则表明进水口可能在其下面。此法用于水深不大，而出水量较多的情况。

有时，也可在漏洞迎水侧适当位置，将有色液体倒入水中，并观察漏洞出口的渗水。如有相同颜色的水溢出，即可断定漏洞进口的大致范围。

以上观察方法，在风大流急时不宜采用。

2）潜水探查法

当风大流急，在水面难以观察其漩涡时，为了进一步摸清险情，可在初步判断的漏洞进口大致范围内，经过分析并采取可靠的安全保护措施后，派有经验的潜水员下水探摸，确定漏洞离水面的深度和进口的大小。采用这种方法应注意安全，事先必须系好安全绳，避免潜水人员被水吸入洞内或被洞口吸住。

3）探漏杆探测法

探漏杆是一种简单的探测漏洞的工具，杆身可采用长 1~2 m 的麻秆，用两块白铁皮，中间各剪开一半，将两块铁板插成十字形，嵌于麻秆末端并扎牢，麻秆上端插两根羽毛。

制成后先在水中试验，以探漏杆能直立水中，顶部露出水面0.2~0.3 m为宜。探漏时，在探杆顶部系上绳子，绳的另一端持于手中，将探漏杆抛于水中任其漂浮。当遇到漏洞时，探漏杆就会在旋流影响下被吸至洞口并不断旋转。这种方法受风力影响较小，在深水中也能适用。

4）编织布查洞法

可选用编织布、布幕或席片等用绳拴好，并适当坠以重物，使其沉没在水中，贴紧边坡进行移动。如在移动过程中，感到拉拖突然费劲，并辨明不是有石块、木桩或树枝等障碍物所为，且出水口的水流明显减弱时，则说明此处有漏洞。

5）竹竿钓球法

视水深的大小，选一适当长度的竹竿，在竹竿的前端每隔0.5 m绑一根绳，绳的中间绑一个用网兜装着的乒乓球，绳子下端系一个三角形薄铁片，球与铁片的距离视水面距洞口的水深而定。实践证明，只要铁片接近洞口，就会被吸入洞中，水面漂浮的小球也将被吸入水面以下。这种方法多用于水深较大，堤坡无树枝杂草阻碍的情况。

6）电法探测

如条件允许，可在漏洞险情堤段采用电法探测仪进行探查，以查明漏水通道，判明埋深及走向。

二、抢护方法

（一）抢护原则

一旦漏洞出水，险情发展很快，特别是浑水漏洞，将迅速危及堤坝安全。所以一旦发现漏洞，应迅速组织人力和筹集物料，抢早抢小，一气呵成。抢护原则是：“前堵后导，临背并举，前堵为主，后导为辅”。即在应急处理时，应首先在临水找到漏洞进水口，及时堵塞，截断漏水来源，同时，在背水漏洞出水口采用反滤和围井，降低洞内水流流速，延缓并制止土料流失，防止险情扩大，切忌在漏洞出口处用不透水料强塞硬堵，以免造成更大险情。

（二）抢护技术

1. 盖堵法

1）使用复合土工膜排体或篷布盖堵

当洞口较多且较为集中，附近无树木杂物，逐个堵塞费时且易扩展成大洞时，可以采用大面积复合土工膜排体（图4-21）或篷布盖堵（图4-22），可沿临水坡肩部位从上往下，顺坡铺盖洞口，或从船上铺放，盖堵离堤肩较远处的漏洞进口，然后抛压土袋或土枕，并抛填黏土，形成前戗截渗。

2）就地取材盖堵

当洞口附近流速较小、土质松软或洞口周围已有许多裂缝时，可就地取材用草帘、苇箔、篷布、棉絮等重叠数层作为软帘，也可临时用柳枝、秸料、芦苇等编扎软帘。软帘的

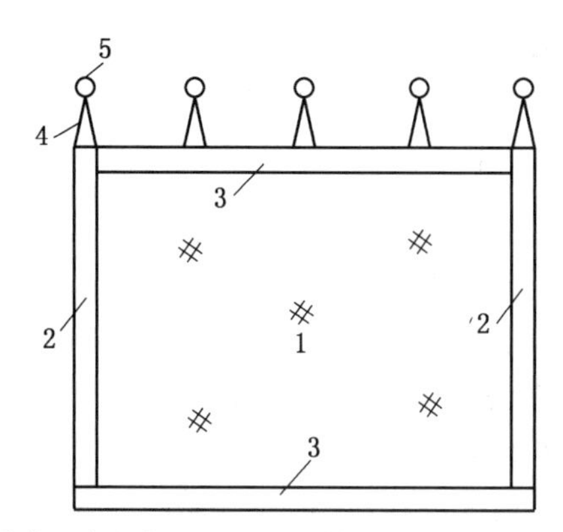

1—复合土工膜；2—纵向土袋筒（直径为 60 cm）；3—横向土袋筒（直径为 60 cm）；4—筋绳；5—木桩

图 4-21 复合土工膜排体示意图

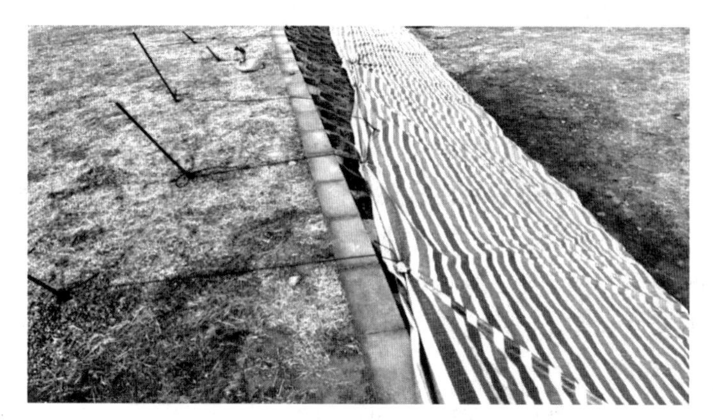

彩图 4-22

图 4-22 篷布盖堵漏洞进口图

大小也应根据洞口具体情况和需要盖堵的范围决定。在盖堵前，先将软帘卷起，置放在洞口的上部。软帘的上边可根据受力大小用绳索或铅丝系牢于堤顶的木桩上，下边附以重物，利于软帘下沉时紧贴边坡，然后用长杆顶推，使软帘顺堤坡下滚，把洞口盖堵严密，再盖压土袋，抛填黏土，达到封堵闭气，如图 4-23 所示。采用盖堵法抢护漏洞进口，须防止盖堵初始时，由于洞内断流，外部水压力增大，洞口覆盖物的四周进水。因此洞口覆

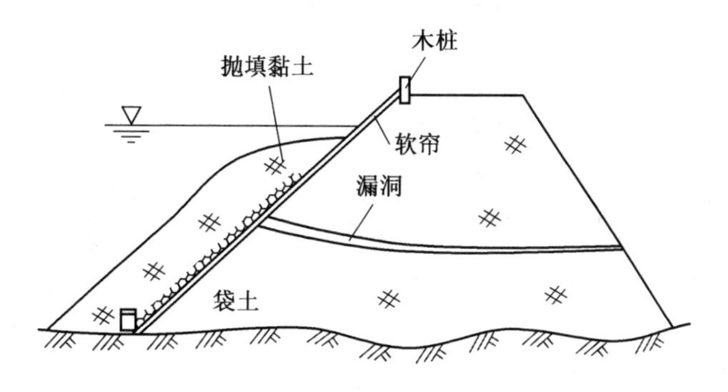

图 4-23 软帘盖堵示意图

盖后必须立即封严四周，同时迅速用充足的黏土料封堵闭气。否则一旦堵漏失败，洞口扩大，将增加再堵的困难。

2. 塞堵法

塞堵漏洞进口是最有效、最常用的方法，尤其是在地形起伏复杂，洞口周围有灌木杂物时更适用。一般可用软性材料塞堵，如图 4－24 所示，如针刺无纺布、棉被、棉絮、草包、编织袋包、网包、棉衣等。在有效控制漏洞险情的发展后，还需用黏土封堵闭气，或用大块土工膜、篷布盖堵，然后再压土袋，直到完全断流为止。

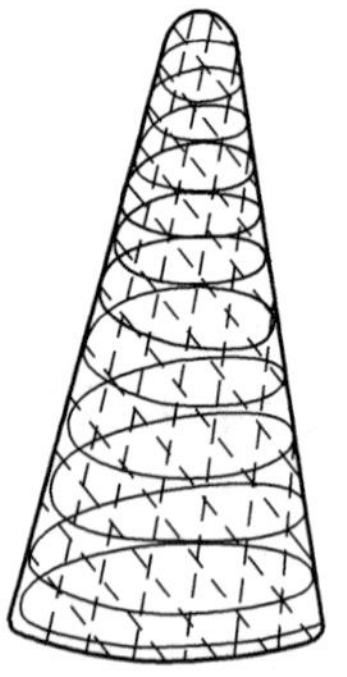

在抢堵漏洞进口时，切忌乱抛砖石等块状料物，以免架空，致使漏洞继续发展扩大。

图 4－24　软楔示意图

3. 戗堤法

当堤坝临水坡漏洞口多而小，且范围又较大时，在黏土料备料充足的情况下，可采用抛黏土填筑前戗或临水筑月堤的办法进行抢堵。

1）抛填黏土前戗

在洞口附近区域连续集中抛填黏土，一般形成厚 3～5 m、高出水面约 1 m 的黏土前戗，封堵整个漏洞区域。在遇到填土易从洞口冲出的情况时，可先在洞口两侧抛填黏土，同时准备一些土袋，集中抛填于洞口，初步堵住洞口后，再抛填黏土，闭气截流，达到堵漏目的，如图 4－25 所示。

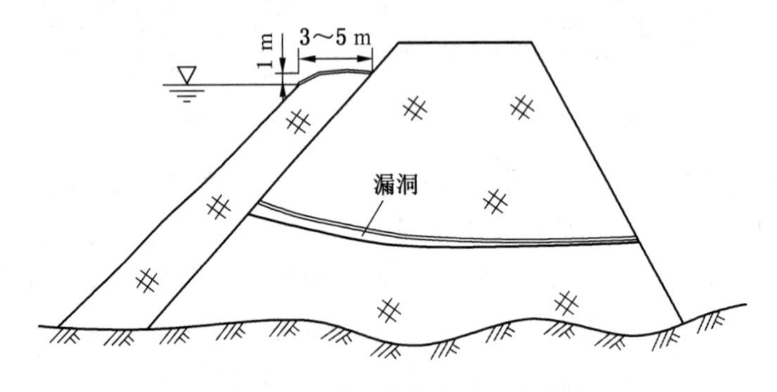

图 4－25　黏土前戗截渗示意图

2）临水筑月堤

如临水水深较浅，流速较小，则可在洞口范围内用土袋迅速连续抛填，快速修成月形围堰，同时在围堰内快速抛填黏土，封堵洞口，如图 4－26 所示。漏洞抢堵闭气后，还应有专人看守观察，以防再次出现险情。

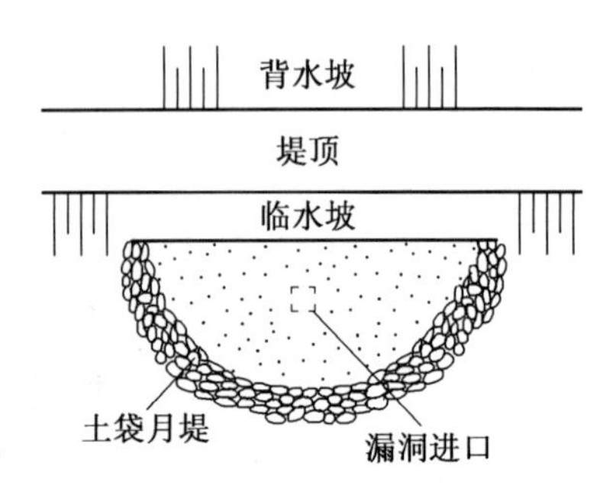

图 4－26　临水月堤堵漏示意图

4. 堤身挖沟堵洞

如漏洞距堤顶近，土堤宽大，土质较好时，可在堤顶挖沟，深至漏洞底以下 30 cm，以不透水物料堵紧漏洞，再填黏土夯实。此法比较危险，必须具备一定的条件。

5. 辅助措施

在临水坡查漏洞进口的同时，为减缓堤土流失，可在备水漏洞出口处构筑围井，反滤导流，降低洞内水流流速。切忌在漏洞出口处用不透水料强塞硬堵，致使洞口土体进一步冲蚀，导致险情扩大，危及堤坝安全。

6. 漏洞抢护注意事项

（1）在抢堵漏洞进水口时，切忌乱抛砖石等块状物料，以免架空，使漏洞继续发展扩大。

（2）在漏洞出水口处，切忌用不透水料强塞硬堵，导致堵住一处，附近又出现一处，愈堵漏洞愈大，致使险情扩大，甚至危及堤坝安全。

（3）采用盖堵法抢护漏洞进口时，需防止在刚盖堵时，由于洞内断流，外部水压力增大，从洞口覆盖物的四周进水。因此，在洞口覆盖后，应立即封严四周，同时迅速用充足的黏土料封堵闭气，否则一次封堵失败，容易导致洞口扩大，增加再堵的困难。

（4）无论对漏洞进水口采取哪一种办法探找和盖堵，都应注意探漏抢堵人员的人身安全，落实切实可行的安全措施。

（5）漏洞抢堵闭气后，还应有专人看守观察，以防再次出现险情。

（6）正确判断堤身漏洞和堤基管涌，前者应以找进水口并临水堵截为主，辅以背水导滤，不能完全依赖背水导滤；后者视情况仅采取背水导滤措施。

（7）在凡发生漏洞险情的地段，大水过后，一定要进行锥探或钻探灌浆加固。必要时，要进行开挖翻筑。

（三）善后处理

汛期，在堵塞漏洞时可能采用了棉被、稻草、麦秆等其他临时物料，汛后应予清除并按设计要求重新封堵漏洞。

第五节　堤坝漫溢险情抢护

一、险情说明

实际洪水位超过现有堤坝顶高程，或风浪翻过堤坝顶，洪水漫堤坝进入堤内即为漫溢。通常土质堤坝是不允许坝身过水的，一旦发生漫溢的重大险情，很快就会引起堤坝的溃决。如20世纪50年代，广东阳江某中型水库已蓄水，溢洪道闸门的启闭设备还没有安装，而用临时设备起吊，致使洪水漫过坝顶而失事；1998年汛期，长江、嫩江和松花江流域的很多堤段都发生了洪水位超越堤顶高程的重大险情，采取紧急抢筑子堰，依靠子堰挡水，除个别小民垸外，均未发生漫决事故。

因此，在汛期应根据气象水文预报洪水上涨的趋势，如预测堤坝前水位将可能超过坝顶高程，发生洪水翻坝的危险，危及堤坝整体安全时，应采取加高坝顶的紧急措施，防止土石堤坝漫决的发生。

（一）漫溢的主要原因

（1）实际发生的洪水超过了河道的设计标准。设计标准一般是准确而具权威性的，但也可能因为水文资料不够，代表性不足或由于认识上的原因，使设计标准定得偏低，造成漫溢的可能。这种超标准洪水的发生属非常情况。

（2）堤坝本身未达到设计标准。这可能是投入不足，堤顶未达设计高程，也可能因地基软弱，夯填不实，沉陷过大，使堤顶高程低于设计值。

（3）河道严重淤积、过洪断面减小并对上游产生顶托，使淤积河段及其上游河段洪水位升高。

（4）因河道上人为建筑物阻水或盲目围垦，减少了过洪断面，河滩种植增加了糙率，影响了泄洪能力，洪水位增高。

（5）防浪墙高度不足，波浪翻越堤顶。

（6）河势的变化、潮汐顶托以及地震引起水位增高。

漫溢是一种常见的危急险情，据国内外堤坝溃决失事统计，由漫溢造成的堤坝溃决事故占40%～50%。

（二）漫溢险情的预测

对已达防洪标准的堤坝，当水位已接近或超过设计水位时以及对尚未达到防洪标准的堤坝，当水位已接近堤顶，仅留有安全超高富余高度时，应运用一切手段，适时收集水文、气象信息，进行水文预报和气象预报，分析判断更大洪水到来的可能性以及水位可能上涨的程度。为防止洪水可能的漫溢溃决，应根据准确的预报和河道的实际情况，在更大洪峰到来之前抓紧时机，尽全力在堤顶临水侧部位抢筑子堰。

一般根据上游水文站的水文预报，通过洪水演进计算的洪水位准确度较高。对于没有水文站的流域，可通过上游雨量站网的降雨资料，进行产汇流计算和洪水演进计算，作洪峰和汇流时间的预报。目前气象预报已具备相当高的准确程度，能够估计洪水发展的趋势，从宏观上提供加筑子堰的决策依据。

大江大河平原地区行洪需历经一定时段，这为决策和抢筑子堰提供了宝贵的时间，而山区性河流汇流时间就短得多，抢护更为困难。

二、抢护方法

（一）抢护原则

堤坝防漫溢的方法，不外乎蓄、泄、挡3个方面。蓄是事先掌握水文预报，加强水库控制调度，合理预泄，腾空库容；在上游分洪截流，减少进库流量。泄是下游清除行洪障碍，增加河道泄洪能力；加宽溢洪道的断面或降低溢洪道底坎，清除溢洪道、泄洪洞进水口的漂浮物，增大水库泄洪能力，迅速降低水位。挡则是采取以修子堤为主的工程措施，提高堤坝高程。本节重点介绍汛期抢修子堤提高防洪能力的工程措施。对有可能发生漫溢的堤段，抓紧洪水到来之前的宝贵时间，在堤坝顶上加筑子堤。具体的抢护原则是“提前筑堤，水退拆除”。为防止堤坝漫溃，在时间上来不及把堤身全部加高培厚的前提下，原则上采取先在堤顶抢筑子堤，拦住洪水，不使洪水漫溢的临时性应急处置措施。待汛情造成威胁缓解后，再采取疏导洪水、降低坝前水位、加高培厚坝身等其他措施，消除堤坝的安全隐患。

（二）抢护方法

通过对气象、水情、河道堤坝的综合分析，对有可能发生漫溢的堤坝险段，采取抢护的工程抢护技术是：利用洪水到来之前的宝贵时间，抓紧在堤坝顶上加筑子堤。首先要因地制宜，迅速明确抢筑子堤的形式、取土地点以及施工路线等，组织人力、物料、机具，全线不留缺口，完成子堤的抢筑，并加强工程检查监督，确保子堤的施工质量，使其能承受水压，抵御洪水的浸泡和冲刷。子堤顶高要超出预测推算的最高洪水位，做到子堤不过水，但从堤身稳定考虑，子堤也不宜过高，一般为 1.0 m 左右。各种子堤应在堤顶外侧抢做，子堤外脚一般都应距大堤外肩 0.5~1.0 m，以免滑动。抢筑各种子堤前应彻底清除地基的草皮、杂物，将表层刨毛，以利新老土层结合，并在子堤轴线开挖一条结合槽（深 0.2 m 左右，底宽 0.3 m 左右）。子堤后留有余地，以备汛期抢险时的往来通道。要根据填筑子堤所需土方数量及就地可能取得的材料，决定施工方法，并适当组织人力，全段同时开展，分层填筑。不能等筑完一段再筑另一段，以免洪水从低处漫进而措手不及。

子堤的形式主要有以下几种，应急抢险时应根据实际情况选定。

1. 纯土子堤

若现场附近拥有可供选用的含水量适当的黏土，可筑均质黏土的纯土子堤，不得用沼泽腐殖土或砂土填筑，要分层夯实。子堤顶宽为 0.6~1.0 m，边坡不应陡于 1∶1，子堰迎水面可用编织布防护抗冲刷，编织布下端压在堤基下。

1）应用范围

纯土子堤适用于堤坝顶部宽阔，取土容易，风浪不大的堤坝段。

2）施工方法

（1）先将堤顶草皮、杂物等清除干净，然后刨松堤面并沿子堰中线挖槽，接合槽深 0.2 m 左右（深度以达到均质坝坝身或黏土防渗墙顶部，可取得防渗效果为准），底宽 0.3 m左右。

（2）从堤顶的内侧边开始上土，逐渐向临水面推进，每层土厚 30 cm，分层夯实。

（3）子堰顶宽 0.6~1.0 m，内外坡比为 1∶1，高 0.6~1.0 m，可根据实际情况决定。

（4）紧急情况下为抢做子堤，如附近无土可取，可以暂借用背水坝肩部分的土料，但只允许挖取浸润线以上的部分，挖取宽度以不影响汛期堤上交通为原则，如图 4-27 所示。借用后应随即补足，在堤顶狭窄或险工堤段不宜借用。

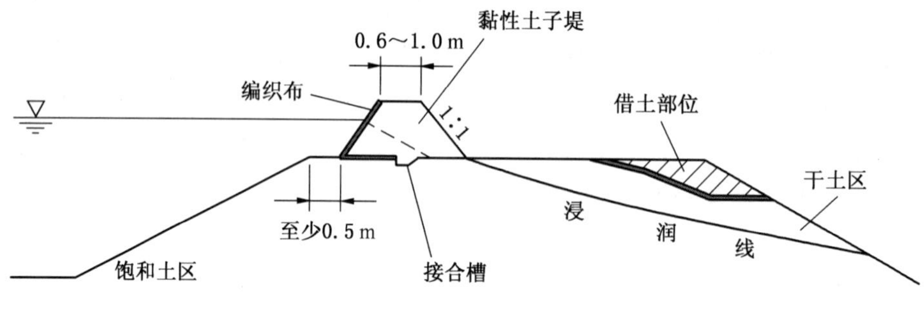

图 4-27　纯土子堤剖面示意图

2. 土袋子堤

这是应急抢险中最为常用的子堤形式，土袋临水可起防冲作用，广泛采用的是土工编织袋，麻袋和草袋亦可，汛期抢险应确保充足的袋料储备。此法便于近距离装袋和输送，如图 4-28 所示。

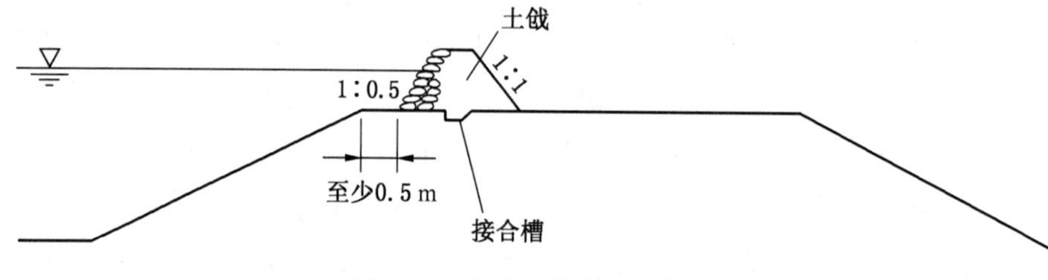

图 4-28　土袋子堤剖面示意图

1）应用范围

土袋子堤适用于堤顶不宽，附近取土困难，或是风浪冲击较大之处。

2）施工方法

（1）为确保子堤的稳定，袋内不得装填易被风浪冲刷吸出的粉细砂和稀软土，宜用黏土、砾质土装袋。装袋七八成满，最好不要用绳索扎口，可用尼龙线缝合袋口，使土袋砌筑服帖。

（2）将土工编织袋、麻袋和草袋铺砌在堤顶离临水坡肩线约 0.5 m 处。袋口朝背水面，互相搭接，排列紧密，错开袋缝，用脚踩紧。土袋内侧缝隙可在铺砌时分层用砂土填密实，外露缝隙用稻草、麦秸等塞严，以免袋后土料被风浪抽吸出来。

（3）第一层上面再加第二层，土袋要向内缩进一些。上下袋应前后交错，上袋退后，成 1∶0.3~1∶0.5 的坡度。袋缝上下必须错开，不可成为直线。逐层铺筑，到规定高度为止。不足 1 m 高的子堤临水面叠铺一排（或一丁一顺），可酌情加宽为两排以上。

（4）土袋的背水面修土戗，并随土袋逐层加高而分层铺土夯实，土戗高度与袋顶平，顶宽 0.3~0.6 m，后坡 1∶1。填筑的方法与纯土子堤相同。

3. 柳石（土）枕子堤

1）应用范围

对堤顶不宽，风浪较大，取土较为困难而当地柳源丰富的抢护堤段，可抢筑柳石（土）枕子堤，如图 4-29 所示。

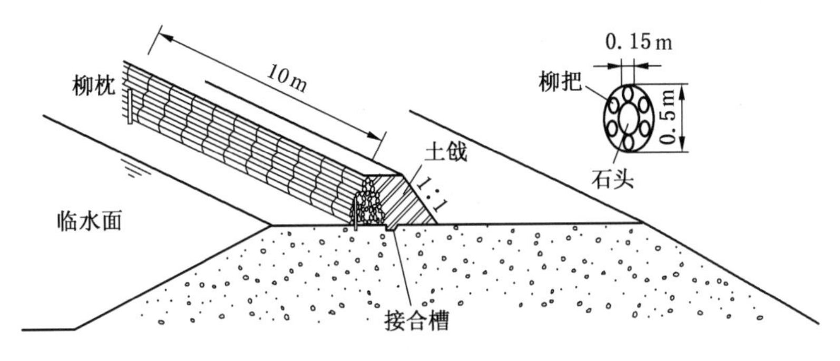

图 4-29 柳石（土）枕子堤剖面示意图

2）施工方法

（1）用 16 号铅丝扎制直径 0.15 m、长 10 m 的柳把，铅丝扎捆间距为 0.3 m。用若干条这样的柳把，包裹作为枕芯的石块（或土），用 12 号铅丝按间距 1 m 扎成直径为 0.5 m 的圆柱状柳枕。

（2）若子堤高 0.5 m，只需 1 个柳石枕置于临水面即可，若子堤是 1.0 m 和 1.5 m 高，则应需 3 个和 6 个柳石枕叠置于临水面（成品字形），底层第一枕前缘距临水堤肩 1.0 m，应在该枕两端各打木桩一个，以此固定，在该枕下挖深 10 cm 的条槽，以免滑动和渗水。

（3）枕后如同上述各种子堤，用土填筑戗体，子堤顶宽不应小于 1.0 m，边坡比为 1∶1。若土质差，可适当加宽顶部，放缓边坡。

4. 桩柳（桩板）土子堤

1）应用范围

当抢护堤段缺乏土袋，土质较差，可就地取材修筑桩柳（桩板）土子堤。主要用于堤顶狭窄，风浪较大，水将平堤，情势危急之处。

2）施工方法

（1）将梢径 0.06~0.1 m 的木桩打入堤顶，深度为桩长的 1/3~1/2，桩长根据子堤高而定，桩距 0.5~1.0 m，起直立和固定柳把（木板或门板）的作用。柳把是用柳枝或芦苇、秸料等捆成长 2~3 m，直径 0.2 m 左右的把，用铅丝或麻绳绑扎于桩后，自下而上紧靠木桩逐层叠捆。

（2）应先在堤面抽挖 0.1 m 的槽沟，使第一层柳把置入沟内，柳把起防风浪冲刷和挡土作用。在柳把后面散置一层厚约 0.2 m 的秸料，在其后分层铺土夯实（要求同黏土埝）做成土戗。也可用木板（门板）、秸箔等代替柳把。

（3）临水面单排桩柳（桩板）子堤，顶宽 1.0 m，背水坡 1∶1，如图 4-30 所示。当抢护堤段堤顶较窄时，可用双排桩柳或桩板的子堤，里外两排桩的净桩距为：桩柳取 1.5 m，桩板取 1.1 m。对应两排桩的桩顶用 18~20 号铅丝拉紧或用木杆连接牢固。两排桩内侧分别绑上柳把或散柳、木板等，中间分层填土并夯实，与堤接合部同样要开挖轴线接合槽，如图 4-31 所示。

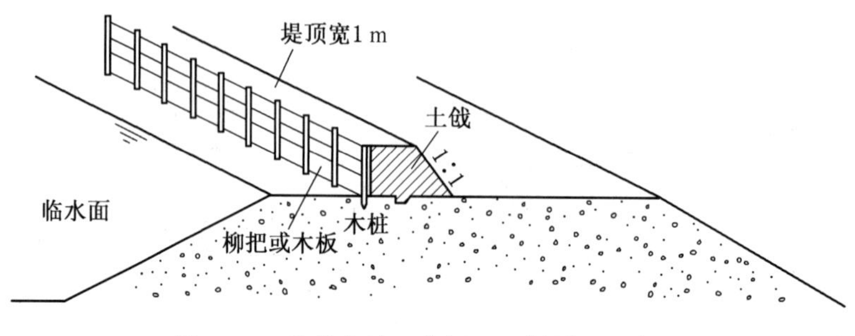

图 4-30　单排柳桩（木板）子堤剖面示意图

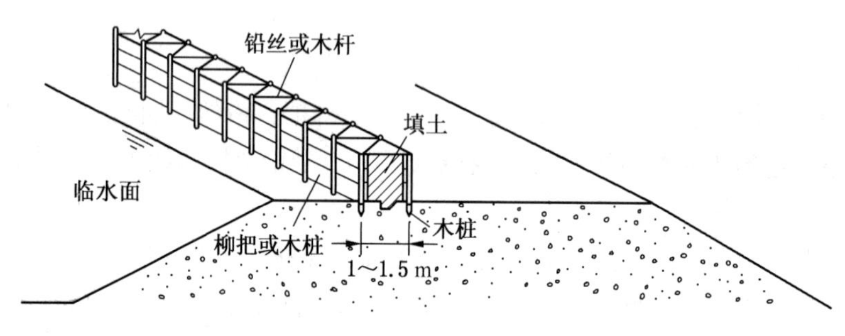

图 4-31　双排柳桩（木板）子堤剖面示意图

5. 防浪墙子堤

如果抢护堤段原有浆砌块石或混凝土防浪墙，可以利用它来挡水，但必须在墙后用土袋加筑后戗，防浪墙体可作为临时防渗防浪面，土袋应紧靠防浪墙后叠砌（抢护方法同袋装土子堤）。根据需要还可适当加高挡水，其宽度应满足加高的要求，如图 4-32 所示。

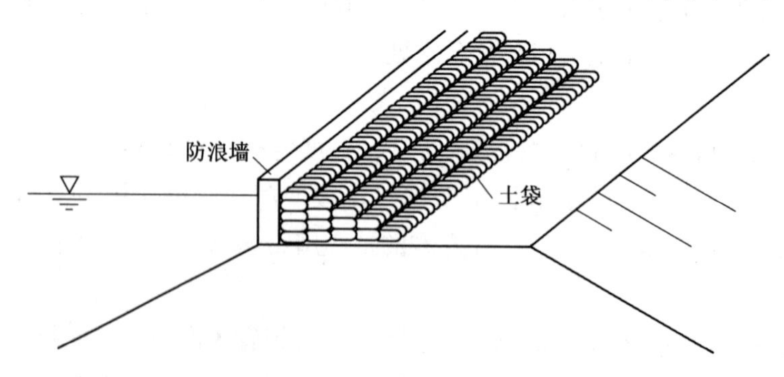

图 4-32　防浪墙子堤剖面示意图

6. 砂卵石袋子堤

1996 年汛期洞庭湖区始用编织袋（普通袋）装混合砂卵石砌筑子堤，装七成满封口，将砂石袋叠加起来（横向叠），一般双排砂石袋可叠 5～6 层（墙高 1～2 m），两排之间填

0. 1~0. 2 m 防渗黏土，也可以在砂卵袋叠墙外包土工膜。编织袋装砂卵石比土袋好，体积壮实，由于袋内卵石凸出，上下袋卵石插入卵石间隙，袋与袋之间互为卡槽，摩擦系数大，稳定，单排叠墙 2 m 高，不滑动，可挡水 1. 5~2 m。砂石袋是修子堤挡漫溢的先进技术。洞庭湖区普遍用砂卵石袋修子堤，几乎代替了土袋子堤方法，如图 4-33 所示。

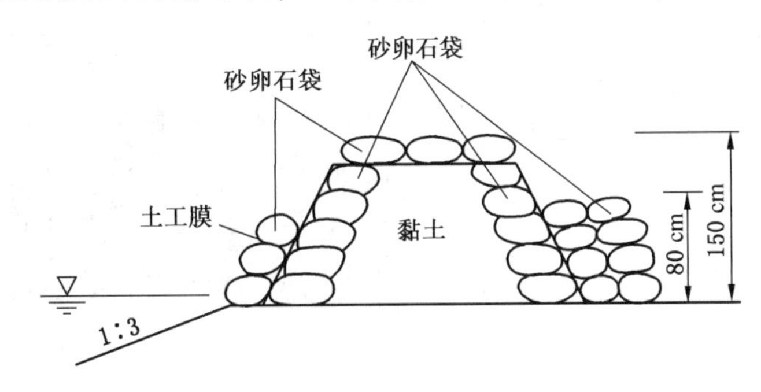

图 4-33　砂卵石袋子堤剖面示意图

7. 土质堤坝短时溢洪抢护方法

当预计洪水漫顶时间短，且来不及修筑子堰时，可在地势较低、可能发生漫溢的堤坝背水坡铺一层防水布（篷布、土工膜、塑料布等），如图 4-34 所示；也可浇筑一层砂浆保护层，允许洪水短时漫溢，如图 4-35 所示。

彩图 4-34 和
彩图 4-35

图 4-34　土工膜防护示意图

8. 漫溢抢护注意事项

（1）子堰应根据预报做好施工计划，周密安排，统一指挥，抓紧时间，务必在洪水到来前完成子堰。

（2）抢修子堰时，要保证质量，经起洪水考验，防漫堤。

图 4-35　砂浆防护示意图

（3）抢修子堰要全线同步施工，不允许中间有缺口，或部分施工过缓。

（4）抢修的子堰，一般质量差，应专人巡查，发现问题及时抢护。

（5）子堤忌靠背水堤肩，否则，缩短渗径，抬高浸润线，且漫顶后，顶部湿滑无法行人，对料物加高培厚极为不利。

（6）为争取时间，子堰断面可修矮些，随水位升高逐渐加高培厚。

（三）紧急避险

根据现场监测和安全人员观察，当工程出现重大险情或安全隐患时，应采取紧急避险措施，紧急撤离。施工过程中根据不同情况及时启动紧急避险预案，确保抢险人员安全。

（四）善后处理

汛期加高堤坝多采用土料子捻、土袋子捻、桩柳（桩板）子捻、柳石（土）子捻等手段，这些子捻在汛末退水时即应拆除。在汛后进行堤坝加高培厚时，若子埝用料是防渗性能好的土料，则可用于堤坝的加高培厚；若是透水料，则可放在背水坡用作压浸台或留作堆放防汛材料。其他杂物如树木、杂草、编织袋等，均应清除在堤外。

第六节　其他常见险情抢护

一、滑坡（脱坡）险情

（一）险情说明

当滑动面上部呈圆弧形，坡脚附近地面往往被推挤外移、隆起，或沿地基软弱夹层滑动，称为滑坡。当堤坝内部沿软弱层开裂，并逐渐发展成纵向裂缝，使土体失稳的现象，称为脱坡。

（二）抢护方法

滑坡抢护原则为“上部削坡减载，下部固脚压重”。

如因渗流作用引起的背水坡滑动，必须采取“前截后导”，即临水面堵截渗流，背水面反滤排渗水。对风浪淘刷引起的临水坡滑坡，应采用翻挖分层填土夯实的方法进行回填处理，按堤坝护坡要求恢复原状；必要时，采取防风浪淘刷护坡形式。

1. 固脚阻滑

当背水面滑坡时，应将土袋、块石、铅丝笼等重物堆放在滑坡体下部，起到阻止继续下滑和固脚的双重作用。同时，移走滑动面上部和堤顶的重物，削缓陡坡。

2. 滤水土撑

滤水土撑适用于背水坡范围较大、险情严重、取土困难的滑坡抢护。先在滑坡体上铺一层透水土工织物，然后在其上填筑砂性土，分层轻轻夯实而成土撑。一般每条土撑顺堤坝方向长 10 m，顶宽 3~8 m，边坡比为 1∶3~1∶5，土撑间距 8~10 m，修在滑坡体的下部。

二、陷坑险情

（一）险情说明

陷坑又称跌窝，是指在洪水期或大雨时，堤坝发生局部塌陷的险情。陷坑有的口大底浅，呈盆形；有的口小底深，呈井形。

（二）抢护方法

陷坑抢护的原则是“查明原因，还土填实”。

1. 翻填夯实

在陷坑内无渗水、管涌或漏洞等险情的情况下，先将坑内的松土翻出，分层填土夯实，直到陷坑填满。

（1）如陷坑出现在水下不深的位置，可修土袋围堰，将水抽干后，再进行翻筑。

（2）若陷坑出现在堤坝顶或临水坡，宜用防渗性能好的土料，以利防渗。

（3）如陷坑出现在背水坡，宜用透水性能好的土料，以利排水。

2. 填塞封堵

填塞封堵适用于临水坡水下部位的陷坑。先将编织袋、草袋或麻袋用土进行袋装，直接抛向水下填塞陷坑，待陷坑填满后再抛投黏性散土加以封堵。

3. 填筑滤料

当陷坑发生在背水坡，且伴随发生渗水或漏洞险情时，在截堵临水坡渗漏通道的同时，可采用填筑滤料法抢护背水坡。先清除陷坑内松土或湿软土，然后用粗砂填实。若水势严重，加填石子、块石、砖块、梢料等透水材料消杀水势。待陷坑填满后，可按砂石滤层铺设方法抢护。

三、崩岸险情

（一）险情说明

崩岸险情一般发生在临水坡，是指水流淘刷堤坝脚，造成堤坡失稳坍塌的险情。

（二）抢护方法

崩岸抢护的原则是“缓流防冲，护脚固岸”。

1. 护脚固岸防冲

护脚固岸防冲适用于水深流急、坍塌较短的险情。该方法主要是先对堤坝坡进行清理，再抛投土袋、石块等防冲物体。对于水深流急的抢护，可推入铅丝笼、竹条笼、石笼。深水中可用抛石船抛投，使抛石随水流下沉于抛护处。

2. 沉枝缓流防冲

沉枝缓流防冲适用于水深流缓的险情，指采用枝叶茂密的树头，捆扎大块石等重物，顺堤依次抛沉。

四、裂缝险情

（一）险情说明

堤身发生开裂且影响堤防工程安全的现象。

横向裂缝：走向与堤坝轴线垂直或斜交，常出现在堤坝部并伸入堤内一定深度；严重的可发展到堤坡裂缝，甚至贯通上下游造成集中渗漏。

纵向裂缝：走向与堤坝轴线平行或接近平行，多出现在堤顶部或堤坡上部。

（二）抢护方法

裂缝险情抢护的原则是“判明原因，先急后缓”。

对于不均匀沉陷引起的横向裂缝，无论是否贯穿坝身，均应迅速抢护。对于纵向裂缝，如属滑坡性裂缝或较宽较深的不均匀沉陷裂缝，也应及时抢护。如裂缝较窄较浅或呈龟纹状，一般可暂不处理，也可用彩条布盖住裂缝口，以免雨水渗入。

1. 开挖回填

开挖回填施工简单，对裂缝的处理较彻底，效果较好，适用于深度在 5 m 以内并已停止发展的裂缝。

开挖前，把过滤的石灰水灌入裂缝内，以便了解裂缝的走向和深度。开挖时，深度挖至裂缝以下约 0.5 m，沟槽长度应超过裂缝端部约 2 m。回填时，回填土应与原堤土质基本相同，回填土分层夯实，每层厚度约为 20 cm，回填土顶部应高出堤坝顶约 5 cm，并做成拱形，以防雨水灌入。

2. 横向隔断

此法适用于横向裂缝。

首先沿裂缝方向开挖沟槽，然后在与裂缝垂直方向每隔 3~5 m 增挖沟槽，槽长一般为 2.5~3 m。

若裂缝前端已与库、河水相通或有连通可能时，在开挖前，应在迎水面先做前戗截流；若背水坡有漏水时，还应同时在背水坡做好反滤导渗，以避免土料流失。

3. 封堵缝口

当裂缝为宽度小于 1 cm 且深度浅于 1 m 的纵向裂缝或龟纹裂缝，经检查观察裂缝已经稳定时，可用此法。

用干而细的砂壤土由缝口灌入，再用板条或竹片捣实。灌塞后，沿裂缝作宽 5~10 cm、高 3~5 m 的拱形小土埂压住缝口，以防雨水浸入。

注意：在采用开挖回填、横向隔断等方法对堤坝裂缝进行处置时，如遇降雨天气，应先对裂缝覆盖土工膜处理，以防止雨水渗入裂缝，造成新的危害。

五、风浪险情

（一）险情说明

风浪险情指临水坡在风浪连续冲击下，堤坡土料被水流冲击淘刷，遭受破坏的现象。轻者将临水坡冲刷成陡坎，造成坍塌险情；重者使堤身遭受严重破坏，以至溃决。

（二）抢护方法

风浪险情抢护的原则是“削减冲击力，加强抗冲力”。

1. 编织布防护

编织布防护法防浪效果好，宜优先选用。

将编织布铺放在堤坡上，顶部用木桩固定并高出洪水位 1.5~2 m。将铅丝或绳一端固定在木桩上，另一端拴石或土袋坠压于水下，以防漂浮。

2. 土（石）袋防护

土（石）袋防护法适用于抗冲能力差，风浪破坏较严重的堤段。

用编织袋、麻袋装土、砂、碎石或碎砖等平铺临水坡，袋间挤压严密，上下错缝。若土袋容易滑动，可在最下一层土袋前面打一排木桩。

3. 木排消浪防护

木排消浪防护法指使用木排或竹排消浪。

将直径为 5~15 cm 的圆木或竹子以绳缆或铅丝捆扎，重叠 3~4 层，做成木排。防浪竹木排应抛锚固定在堤边坡以外 10~40 m 范围，水面越宽，距离应越远，避免撞击堤身。

六、决口险情

（一）险情说明

决口险情是指堤防遭到严重破坏，造成口门过流的现象，主要由江河、湖泊、堤防、水库、涵闸等发生管涌、散浸、漏洞、内脱坡（滑坡）、跌窝、裂缝、崩岸、漫溢、风浪及涵闸等险情中的一种或几种时，未及时发现和抢护，或抢护措施不当引起。

常见的类型有：漫决、冲决、溃决、扒决。

（二）抢护方法

抢护原则：因地制宜，及时抢堵。

常见方法有：立堵、平堵、混合堵、钢木土石组合堵口。

（1）立堵：堤防决口两端做好裹头，从口门两端同时抛投堵口材料。可根据水深和流速采取不同方法。若流速不大或静水，可直接填土进堵；若流速较大，可用打桩、抛枕、抛笼等进堵，最后集中抛投合龙。一般在溃口水头差较小、口门流势较缓、土质较好的情况下，采用单坝进占堵合，否则可采用双戗堤进占封堵。

（2）平堵：沿口门选定堵口堤线，利用架桥或船平抛料物，如散石、混凝土块、柳石枕、铅丝笼或竹笼块石等，从河底开始逐层填高，直至高出水面，以堵截水流，达到堵口目的。

（3）混合堵：根据堤防决口的具体情况，也可因地制宜地采用平、立堵相结合（混合堵）的办法进行堵口。

思考题

1. 简述堤坝渗水险情产生的原因及堤坝渗水险情抢护技术。
2. 简述堤坝管涌险情产生的原因及堤坝管涌险情抢护技术。
3. 简述堤坝漏洞险情产生的原因及堤坝漏洞险情抢护技术。
4. 堤坝漫溢险情抢护中的子堤有几种形式？
5. 简述堤坝滑坡险情抢护原则及抢护技术。
6. 简述堤坝陷坑险情抢护原则及抢护技术。
7. 简述堤坝崩岸险情抢护原则及抢护技术。
8. 简述堤坝裂缝险情抢护原则及抢护技术。
9. 简述堤坝风浪险情抢护原则及抢护技术。
10. 简述堤坝决口险情抢护原则及抢护技术。

第五章　堰塞湖抢险技术

我国作为一个灾害频发的国家，滑坡、泥石流等自然灾害尤为突出，地质灾害造成堰塞湖抢险任务十分艰巨。堰塞湖抢险技术，不仅为我们提供了应对自然灾害的专业知识，还强调了团结协作、科学应对的抢险精神。面对堰塞湖抢险这一复杂而紧迫的抢险任务，我们需要发扬集体智慧和科学精神，共同制定抢险方案，确保抢险行动的高效与安全。这种团结协作、科学应对的精神，正是我们在日常生活中也需要积极倡导的。通过学习堰塞湖抢险技术，我们不仅要增强专业技能，更要培养一种面对复杂问题时能够冷静分析、果断行动的能力，为保障人民生命财产安全和社会稳定贡献智慧和力量。

第一节　堰塞湖概述

堰塞湖是由火山爆发、地震活动等原因引起山崩滑坡体等堵截山谷、河谷或河床后贮水而形成的湖泊。由火山熔岩流堵截而形成的湖泊又称为熔岩堰塞湖。

一、堰塞湖的形成

堰塞湖形成的条件：一是必须要有原来的水系。二是原有水系被堵塞物堵住。堵塞物可能是火山熔岩流，可能是地震活动等原因引起的山崩滑坡体，可能是泥石流，亦可能是其他的物质。三是河谷、河床被堵塞后，流水聚集并且往四周漫溢。四是储水到一定程度便形成堰塞湖。

二、堰塞湖的危害及分类

堰塞湖的堵塞物不是固定不变的，它们也会受到冲刷、侵蚀、溶解、崩塌等。一旦堵塞物被破坏，湖水便漫溢而出，倾泻而下，形成洪灾，极其危险。

（一）按潜在危害分类

按堰塞湖可能形成的潜在危害，可将其分为三大类。

1. 危害型堰塞湖

上游集雨面积大，来水量大，滑坡和崩塌体地质结构松散，往往在形成后几天至几月后会溃决或被冲垮。一旦发生堰塞湖溃决，将造成严重的次生性洪水灾害，波及范围将会很大。

2. 暂时型堰塞湖

堰体组成结构差，很快会被后来累积的水体冲毁，这类堰塞湖具有一定危害性。“5·

12”汶川地震形成的许多中小型堰塞湖基本上属这一类型，多为以土质为主、夹带块石的堰塞体，结构疏松，级配不良。经过汛期洪水的多次冲刷掏蚀，这类堰塞湖将不复存在，如成都市凤鸣桥、竹根桥、六顶沟、火石沟、海子坪等堰塞湖。

3. 稳定型堰塞湖

稳定型堰塞湖的主要特点有：河谷地形条件好，滑坡体量大，地质结构好，可储水量大，湖泊可以长久保留。稳定型堰塞湖可经危害型堰塞湖洪水冲刷后形成。这类堰塞湖一般是由高速滑坡形成，堰塞体结构比较密实，块度搭配相对合理，易形成稳态结构。如北川唐家山堰塞湖，已经过排险处置逐步稳定下来，虽有可能产生局部失稳再造，但以后不会再产生大规模溃坝，不会造成对下游较大的威胁。另外，一些堰塞湖的巨型滑坡堰塞体经过洪水不断淘刷冲蚀，可从不稳定状态逐步形成稳定型。如目前岷江上游现存的大小海子就是经过叠溪地震以后 70 多年的淘刷冲蚀而稳定下来的，至今大小海子已为人类所开发利用。

危害型和暂时型地震堰塞湖从形成直至自然溃决，要经历水量积聚、渗透变形、冲刷破坏三大过程，规模较大的堰塞湖溃决一般需数十天以上的时间。

水利专家对“5・12”地震堰塞湖研究后归纳总结出堰塞体溃决取决于两个因素：①内部因素：堰塞体的物质组成及材料的物理力学性质；②外部因素：堰塞体在水流等外力因素作用下的表现。

堰体的组成物质及其物理力学性质决定了堰塞体的溃决方式或破坏程度，因此在堰塞湖形成后应及时调查掌握堰塞体的形态与物质组成。堰体的物质组成包括岩块、碎石、卵石、砾石乃至泥土和植物等。由于对堰塞湖应急排险处置的时间要求较高，一般只能进行直观的判断，以制定排险处置的相关技术准则。

（二）按堰塞体形态分类

按堰塞体的形成形态，可将其分为堰塞、壅塞、泥石流。前两者一般是由中高速山体滑坡形成，与地震作用直接相关，堰塞或壅塞体的存在将永久改变所处河段的河势。泥石流是以地震作用为基本原因，后遇强降雨，洪水带动非河道堆积物形成泥石流缓慢侵入河道形成堵河。泥石流形成的堵河，局部改变了原河道的河势，这种改变可能是永久的。因此，地震灾区各河流上对泥石流的整治和研究将同样是一个长期的课题。

（三）按堰塞体组成物质分类

按堰塞体的组成物质，可将其分为堆石型、土质型、土石混合型等。这种分类实际上从堰塞体所在河段两岸山体的地质结构与组成就可以很快得知。一般来讲，堆石型和土石混合型堰塞体的结构稳定性、抗冲能力较强，而抗渗稳定性差，形成 3~5 天内，就可见堰塞体下部出现渗漏出水点，如不产生降雨，渗漏量极易稳定到一定值。

堆石型堰塞体的一般特点，是以巨石、大块石、块石为主，兼夹碎石与土料。由于自然搭配不均一，这种堰塞体结构空隙较大，结构相对稳定，极易产生堰塞体渗流，一般堰塞体顶部较难形成过流。堰塞体规模可能较大，如安县“老鹰岩”，映秀“老虎嘴”，绵竹“一把刀”“小岗剑”等堰塞、壅塞体。

土质型堰塞体的力学表现就更复杂一些，随着时间的推移，其冲蚀破坏乃至溃决的可能性会更大。其堰塞体的一般特点是以山体风化层、覆盖土料层为主，兼夹强风化或卸荷岩体。这类堰塞体结构一般处于中等密实程度，本身透水性较差，顶部极易产生溢流。土质型堰塞湖易发生较大程度的溃决，直至全溃。这类堰塞体一般规模较小，如成都六顶桥、海子坪等，大的有平武马鞍石、青川石板沟、红石河、东河口三座。

土石混合型堰塞体的一般特点是土料和风化岩石料成分基本对等。这种堰体结构自然组合搭配较为密实，本身透水性较差，易形成顶部溢流，也易发生一定程度的溃决，但其溃决规模比土质型堰塞体要小些，严格地讲不会产生全溃。如 2008 年北川唐家山、彭州火石沟、平武文家坝等堰塞湖均属此类。

（四）按堰塞湖所处河段分类

按堰塞湖（体）所处的河段，可将其分为直线型和弯曲型堰塞体。

直线型堰塞体形成于顺直的河道上，上游风浪作用力较大且易与水压力叠加，对堰塞体稳定影响较大，增大溃坝风险。广元青川石板沟等堰塞湖就处于比较顺直的河道上，风浪吹程和风浪压力作用不容忽视。

弯曲型堰塞体处于河道弯曲部位，风浪吹程和风浪作用力较小，对堰塞体稳定影响小，溃坝风险一般也较小。如唐家山堰塞湖（体）地处 V 形河弯道，上游风浪压力很小，事实证明其溃坝风险较小。

上述堰塞湖（体）的定性划分，可作为堰塞体工程处理的设计依据。

三、堰塞湖溃决的影响因素

滑坡泥石流溃决是主河水流与沟道特征、坝体几何形态以及坝体物质结构等多种因素共同作用的结果。具体来说，包括河道、堵塞坝、坝体与主河的夹角等各方面的参数，如河岸崩滑情况、河道顺直程度、水位上涨速率，堆积体规模、坝体力学指标、化学成分、巨砾含量与分布、含水量、密实度、空隙率、坝体冲蚀速率、坝体变形、管涌渗流以及流域地貌特征、流域面积、自然环境条件（气温、降雨等）、冰雪崩、冰湖溃决或大规模滑坡（含崩塌）、地震活动等。影响堰塞体溃决的因素主要有以下几点。

（一）河道

1. 主河流量

堰塞体上游水位的上涨速度直接影响溢坝水量和溢坝后冲刷速度。在河道和坝体确定的情况下，主河流量越大，湖水位就上涨越快，越容易溢坝。上游水量越大，溢坝水流流速和流量也越大，可以直接控制坝体的溃坝过程。

2. 河道纵比降

河道纵比降是河流动力学的重要参数，库区水溢坝后，水流在坝体下游坡面上冲刷。钱宁提到平衡比降的概念，即当河床纵比降大于平衡比降时冲刷过程继续，直到小于平衡比降时冲刷停止。他采用 Meger-peter 的推移质公式推导，冲刷平衡比降 J 见式（5-1）：

$$J = 0.058(n/D_{90}^{1/6})^{3/2} \times D/h \quad (5-1)$$

式中 D——床沙平均粒径，mm；

D_{90}——床沙中 90% 的重量较之为小的粒径；

n——床面曼宁系数；

h——水深，m。

另外，J 对最大冲刷粒径也有重要作用，Harrison 的水模型试验中 D 和 J 的关系见式（5-2）：

$$D = 27/C \times r/(r_s - r) \times R_b' J \quad (5-2)$$

式中 C——反映大小颗粒间相互作用的参数；

r_s 和 r——泥沙和水的容重；

R_b'和 J——洪水泥沙阻力水力半径与比降。

可见纵比降对溃决过程和溃坝规模的影响力巨大。

3. 河宽

虽然堰塞湖在开始溃决时，河流上游来水量是控制坝体能否溃决以及溃决时机的因素，但是一旦溃决发生，影响溃决洪水流量的决定因素就不是上游来水量了，堵塞坝溃决所形成溃决洪水流量往往是河道流量的数百上千倍，这一点可以从几个堵塞坝溃决事例中清楚地看到。通过分析一些水利工程中土石坝溃决的研究成果发现，堵塞坝溃决的洪峰流量与上游库区水的势能有密切关系。例如，1988 年 Costa 等从能量观点出发，结合 12 个具体实例建立关系式，见式（5-3）：

$$Q = 0.063PE^{0.42} \quad (5-3)$$

式中 Q——溃坝洪水的流量；

PE——堰塞湖水潜在势能。

因此，决定堵塞坝形成的库容的河道参数（河宽和河床比降）同样成为控制溃决过程和溃决流量的重要因素。

另外，从现场调查发现，几乎所有影响较大的滑坡泥石流堵河事件，其上游河道通常较宽，这就说明堵塞坝的形成与河宽也存在相当的关系。在主河流量一定的情况下，主河道越宽，越容易形成堵塞坝。其原因在于，大的河宽使滑坡泥石流冲入主河后，铺展面大，流速衰减较快，库区水位上涨缓慢，需要相对更长的时间才能漫顶溢坝。在这段时间内，堆积体可能由于脱水和重力堆积作用而强度提高，能够稳定下来。当然，如果堆积体未能稳定下来，堰塞湖蓄积大量水体，溃坝洪水会更大，可能造成的灾害将更加严重。

4. 其他河道因素

由于河道边岸的坡度对库容大小有贡献，所以也对溃坝洪水过程有影响。但是根据典型事例对比分析发现，其影响力远不如前几个因素重要。

（二）堵塞体

1. 堵塞坝体几何形态

由于堵塞坝是突发性形成的，其横断面一般不规则，而且坝体形成后往往很快溃决，因此很难对坝体断面尺寸统一化。泥石流坝溃决一般有两种方式。

（1）坝顶溢流后坝体下游坡面被冲刷，逐渐溯源拉通坝顶，产生溃口进而溃决。

（2）堵塞坝过流后，或者没有过流时，由于巨大的渗透水压力和坝体下游坡面太陡，堵塞坝容易失去稳定性，坝体下游坡面上泥石流物质再次启动而溃坝。

可见，堵塞体下游坡面的坡角是控制坝体稳定性的最重要结构因素。而上游坡角与河道上游流速以及坝体物质性质有关，一般是稍大于下游坡角，对溃坝过程影响不如下游坡角大。

坝体高度是堵塞体最主要的形态因素，也是控制溃坝洪水大小的关键要素。在 Costa 公式中，库区水的势能主要靠坝体高度控制，相对于河宽的影响，坝体高度可以反映平均势能。即库区水势能相同时，如果堵塞坝较高，则平均水势能就较高，在溃坝后洪水的动能和流速就越大，冲刷能力越强，溃口发育越快，在达到冲刷平衡比降之前，库区水在相对较短的时间下泄，洪峰就会增大。

滑坡泥石流的堆积特性，使堆积坝顶存在一定倾角，倾角的存在影响坝体溃口出现的位置和溃决过程。坝顶倾角的形成与物质的流变性和滑坡泥石流的规模都有关系，不同的坝体的坝顶倾角往往相差很大，而且坝体形成后一般很快就被水流冲刷，所以很少有坝顶的详细记录，难以把握堵塞坝顶的特征。

2. 坝体物质颗粒级配

泥石流堰塞体溃决后，溃决过程可以以两种情况结束。

（1）堵塞体溃决到底，同时库区中的水完全排出，河道流量恢复正常。

（2）堰塞体溃决后，溃决洪水在坝体宽阔平缓的下游坡面上冲刷，最终达到冲刷平衡。

在式（5-1）中，床砂平均粒径（参数 D）是平均粒径，但在实际滑坡泥石流物质中的巨大石块数量和分布情况对坝体溃决有极大影响。通常，较大石块在水流量高的洪水中更易稳定。例如，拉松错湖是在数百年前泥石流堵江后形成的，坝体经过冲刷后，在湖的出口处是由直径 1 m 左右的巨石组成的急滩，同时也证明了堵塞坝物质结构对坝体稳定性的重要作用。

坝体的物质密度和颗粒级配参数集中反映了坝体的物理力学性质（主要为黏聚力和内摩擦角等抗剪强度指标）。由于坝体颗粒级配分布范围大，且堆积无分选性，堆积体密度的概念意义并不大，但颗粒级配参数直接影响到其抗冲刷性、坝体稳定性以及抵抗水流渗透和管涌的能力。

（三）坝体与主河夹角

在前人研究泥石流堵河判别条件时，支沟与主河的夹角被作为一个参数。然而，夹角对堵塞坝形成与溃决具有重要影响。一方面，如果该夹角很小，泥石流体顺河而下，难以堵塞河道。另一方面，在主河水流的冲刷推移作用下，支沟与主河夹角导致泥石流坝与主河也存在一定夹角。它影响着坝体受力和坝前壅水水位变化，从而影响溃坝时机和溃坝进程。此夹角越大，同条件下坝体轴向长度越小，稳定性相对较好，越不易溃坝，但溃坝过程较快。对于滑坡坝而言，主河夹角对堵塞坝的影响也类似于泥石流坝。

综上所述，影响堵塞坝溃决的主要因素为河道上游来水量、河宽、河床比降、坝体高度、坝体下游坡面倾角、坝体物质组成，其中以坝体高度和坝体下游坡面倾角最为关键。

四、堰塞湖灾情判断

（一）堰塞体危险性判别

1. 堰塞体单因素危险性级别与评价指标

堰塞体危险性应根据堰塞湖库容、上游来水量、堰塞体物质组成和堰塞体形态进行综合判别。堰塞体单因素危险性级别与评价指标见表 5-1。

表 5-1　堰塞体单因素危险性级别与评价指标

堰塞体单因素危险性级别	分级指标			
	堰塞湖库容/亿 m^3	上游来水量/（$m^3 \cdot s^{-1}$）	堰塞体物质组成 d_{50}/mm	堰塞体几何形态（堰高 H、堰高 H/顺河长 L）
极高危险	≥1.0	≥150	<2	H≥70，H/L≥0.05； 或 70>H≥30，H/L≥0.2
高危险	0.1~<1.0	50~<150	2~<20	H≥70，H/L<0.05； 或 70>H≥30，0.2>H/L≥0.05
中危险	0.01~<0.1	10~<50	20~<200	70>H≥30，H/L<0.05； 30>H≥15，H/L≥0.05
低危险	≤0.01	≤10	≥200	30>H≥15，H/L<0.05； H<15

2. 堰塞体危险性综合判断

（1）堰塞体危险性应按式（5-4）综合判断。

$$A = a_1 A_1 + a_2 A_2 + a_3 A_3 + a_4 A_4 \tag{5-4}$$

式中　A——综合判别的分值；

a_1、a_2、a_3、a_4——4 个指标对应的重要性系数，可各取 0.25，也可根据 4 个指标的重要性分别确定，但其和为 1；

A_1——堰塞湖库容的危险性级别赋分值；

A_2——上游来水量的危险性级别赋分值；

A_3——堰塞体物质组成 d_{50} 的危险性级别赋分值；

A_4——堰塞体几何形态的危险性级别赋分值。

A_1、A_2、A_3、A_4 分别根据其危险性级别赋分，极高危险、高危险、中危险、低危险分别赋值为4、3、2、1。

堰塞体危险性判别应符合下列规定：

①当 $A \geq 3.0$ 时，堰塞体危险性为极高危险；

②当 $2.25 \leq A < 3.0$ 时，堰塞体危险性为高危险；

③当 $1.5 \leq A < 2.25$ 时，堰塞体危险性为中等危险；

④当 $A < 1.5$ 时，堰塞体危险性为低危险。

（2）当上游来水量小于10 m^3/s 或堰塞湖库容小于0.01亿 m^3 时，堰塞体危险性级别可判别为低危险级别，影响特别重大的视情况判别。

3. 堰塞体危险性调整

当出现以下不利因素时，堰塞体危险性可调高一级；同时具有两个及以上不利因素，可调高一至二级，直至极高危险级别。

（1）堰塞体出现渗透破坏且有进一步发展趋势。

（2）近堰塞体湖区存在较大规模不稳定地质体且在堰塞湖影响下有加快变形失稳趋势可能引发较大涌浪。

（3）可能存在较大强度余震且对堰塞体整体稳定构成严重影响。

（二）堰塞湖淹没和溃决损失判别

（1）堰塞湖损失严重性级别应根据淹没区及溃决洪水影响区风险人口、城镇、公共或基础设施、生态环境等的受影响情况确定，见表5-2。

（2）应以单项分级指标中损失严重性最高的一级作为该堰塞湖损失严重性的级别。

（3）应分别确定堰塞体上下游影响区的损失严重性级别，以较高者作为判别级别。

（4）当堰塞湖溃决洪水超过下游水库的调蓄能力时，该水库工程应作为受损对象考虑。

（5）堰塞湖损失严重性级别可根据堰塞体溃决的泄流条件、影响区的地形条件、应急处置交通条件、人员疏散条件等因素，在表5-2的基础上调整。

表5-2 堰塞湖淹没和溃决损失严重性级别

堰塞湖损失严重性级别	分级指标			
	风险人口/人	受影响的城镇	受影响的公共或基础设施	受影响的生态环境
极严重	$\geq 10^5$	地级市政府所在地	国家重要交通、输电、油气干线及厂矿企业和基础设施，大型水利水电工程或梯级水利水电工程，大规模化工厂、农药厂或剧毒化工厂、重金属厂矿	世界级文物、珍稀动植物或城市水源地，引发可能产生堵江危害的重大地质灾害或引发的地质灾害影响人口超过1000人

表 5-2（续）

堰塞湖损失严重性级别	分级指标			
	风险人口/人	受影响的城镇	受影响的公共或基础设施	受影响的生态环境
严重	10^4~<10^5	县级市政府所在地	省级重要交通、输电、油气干线及厂矿企业，中型水利水电工程，较大规模化工厂、农药厂、重金属厂矿	国家级文物、珍稀动植物或县城水源地，引发可能束窄河道的地质灾害或引发的地质灾害影响人口达300~1000人
较严重	10^3~<10^4	乡镇政府所在地	市级重要交通、输电、油气干线及厂矿企业或一般化工厂和农药厂	省市级文物、珍稀动植物或乡镇水源地，引发的地质灾害影响人口达100~300人
一般	≤10^3	乡村以下居民点	一般重要设施及以下	县级文物、珍稀动植物或乡村水源地，引发的地质灾害影响人口小于100人

（三）堰塞湖风险等级划分

（1）根据堰塞体危险性级别和堰塞湖损失严重性级别，可将堰塞湖风险等级分为极高风险、高风险、中风险和低风险，分别用Ⅰ级、Ⅱ级、Ⅲ级、Ⅳ级表示。

（2）堰塞湖风险等级可通过查表法或数值分析法确定。

（3）采用查表法确定风险等级时，查表 5-3 确定。

（4）采用数值分析法确定风险等级时，可按堰塞湖风险等级评判数值分析方法评判。

（5）查表法和数值分析法确定的风险等级不同时，宜对风险评价指标做进一步分析，合理选取堰塞湖的风险等级。

（6）当一条河流上有多个堰塞湖时，下游堰塞湖风险等级判别应考虑上游堰塞湖溃决可能带来的风险。

表 5-3　堰塞湖风险等级划分表

堰塞湖风险等级	堰塞湖危险性级别	堰塞湖损失严重性
Ⅰ级	极高危险	极严重
	高危险	极严重
Ⅱ级	极高危险	严重、较严重
	高危险	严重
	中危险	极严重、严重
	低危险	极严重
Ⅲ级	极高危险	一般
	高危险	较严重、一般

表 5-3（续）

堰塞湖风险等级	堰塞湖危险性级别	堰塞湖损失严重性
Ⅲ级	中危险	较严重
	低危险	严重、较严重
Ⅳ级	中危险	一般
	低危险	一般

（四）应急处置标准

（1）当堰塞体内存在薄弱带或渗透变形等缺陷时，水位上涨时可能产生坍塌或渗透破坏导致整体失稳，应根据缺陷的分布高程确定可能的溃坝水位；预警水位宜由可能溃坝水位、库水位上升速度、作业人员撤离时间、堰塞体沉陷和预警超高等因素确定。

（2）当堰塞体存在漫顶风险时，堰塞体应急处置的预警水位可根据堰塞体垭口高程、库水位上升速度、作业人员撤离时间、堰塞体沉陷和预警超高等因素分析确定。

（3）采用引流槽作为应急处置措施时，预警水位可根据槽底高程、库水位上升速度、作业人员撤离时间、堰塞体沉陷和预警超高等因素分析确定。

（4）对于高位滑坡、崩塌形成的堰塞体，在应急处置期间可不考虑堰塞体沉陷。其他类型堰塞体的沉陷量可根据堰塞体岩土成分及其密实程度，按堰塞体高的1%～3%估算。

（5）预警超高宜根据最大波浪爬高、风壅水面高度和安全裕量等因素综合分析确定。当条件受限时，预警超高也可根据堰塞湖风险等级确定，见表 5-4。

表 5-4　预警超高

堰塞湖风险等级	Ⅰ级	Ⅱ级	Ⅲ级	Ⅳ级
预警超高/m	2.0～1.5	1.5～1.0	1.0～0.5	

（6）最大波浪爬高、风壅水面高度计算可按《碾压式土石坝设计规范》（SL 274—2020）确定。

（7）安全裕量可根据堰塞体危险性级别确定，见表 5-5。

表 5-5　安全裕量

堰塞湖风险等级	极高危险	高危险	中危险	低危险
安全裕量/m	1	0.7	0.5	

（8）堰塞湖应急处置采用泄流渠方案时，预警超高可按堰塞湖风险等级取表 5-5 中较低值，并制定作业人员撤离预案。

（9）堰塞体经过应急处置后的整体抗滑稳定安全系数不应小于表 5-6 中的规定。

表 5-6 堰塞体整体抗滑稳定最小安全系数（简化毕肖普法）

运用条件	堰塞体危险性级别			
	极高危险	高危险	中危险	低危险
	1.30	1.25	1.20	1.15
	1.20	1.15	1.15	1.10

注：1. 正常情况：设计洪水位形成稳定渗流的情况。

2. 非常情况：堰塞湖水位的非常降落；正常情况遇地震。

（10）保留堰塞体作为永久建筑物时，稳定标准应根据《碾压式土石坝设计规范》（SL 274—2020）确定。

（11）经过应急处置后的河道防洪标准应满足表 5-7 的规定，可综合考虑风险等级和实施条件确定是否分期。当天然河道防洪标准低于表 5-7 的规定时，采用天然河道防洪标准。

（12）利用堰塞体作为永久建筑物时，洪水标准和建筑物级别应根据《防洪标准》（GB 50201—2014）和《水利水电工程等级划分及洪水标准》（SL 252—2017）确定。

表 5-7 堰塞湖应急处置后河道防洪标准（重现期：年）

堰塞湖风险等级	堰塞湖应急抢险处置后	堰塞湖应急恢复处置后
Ⅰ	≥5	≥20
Ⅱ	3~<5	10~<20
Ⅲ	≤3	5~<10
Ⅳ	—	—

第二节 堰塞湖应急抢险中的监测与预测

堰塞坝的稳定性直接关系堰塞湖安全，而湖水水位的高低则是关键影响因素；此外，湖区边坡失稳造成的涌浪，以及堰塞坝上方边坡的失稳也会导致坝体稳定性发生变化。归结而言，全方位的堰塞湖监测包括 7 个方面的内容，即降雨监测、上游来水监测、湖区不稳定斜坡监测、堰塞坝上方不稳定斜坡监测、坝体渗流监测、坝体出流监测、坝体变形监测。在实际工作中，堰塞湖形成后，监测人员和设备都比较难进入堰塞湖区，难以开展全方位的堰塞湖监测，主要进行水文要素监测和堰塞坝安全监测。

一、堰塞湖应急抢险中的监测

（一）堰塞湖水文应急监测

（1）水文应急监测宜按《水文应急监测技术导则》（SL/T 784—2019）的要求开展并应包括下列内容：①水文应急监测范围确定；②水文应急监测项目确定；③水文监测站网布设；④水文应急监测方案编制；⑤水文应急监测实施；⑥水文信息传输；⑦水文监测资

料快速整编。

（2）水文应急监测范围应覆盖堰塞湖及上游一定范围、堰塞体及下游受影响区域。

（3）水文应急监测前应现场调查、收集地理信息等基本资料，并根据应急处置和决策需求确定监测项目，应包括下列内容：①堰塞湖回水长度、沿程水位或水面线、水面宽、堰前水位至堰塞体特征点高差等；②堰塞体上下游河段典型断面测量；③进出堰塞湖流量、堰塞体渗漏点及渗漏量、堰塞湖蓄水量；④下游河道控制节点水位和流量；⑤堰塞体及堰塞湖上游干支流区域降水量。

（4）水文应急监测方案应与应急处置总体安排相协调，监测要素、精度和频次应满足堰塞湖应急处置和溃决风险防范需要，并根据应急处置进展情况和要求，实时调整监测对象、要素、方法、手段与频次。水文应急监测宜采用先进观测设备和技术手段，优先选用非接触式、智能化技术装备和自动测报方式，监测方法应安全、快速、便捷。

（5）水文信息传输应合理利用现有通信资源和设备，保证信息传输稳定可靠。

（6）水文监测资料整编方法应根据测验情况、测站特性合理选用。在应急处置监测过程中及工作结束后，均应对水文监测资料整理、整编、总结，应急监测资料的整编方法可适当简化。整编成果合理性应对照水文要素间关系及其变化规律、上下游过程对照、水量平衡等方法检查确定。

（7）宜开展堰塞湖溃决过程中泄流通道水位、流速、水深、过流断面宽度测量。

（二）堰塞坝安全监测

（1）安全监测范围宜包括堰塞体及其物源区、堰塞湖区有较大危害的不良地质体、下游受溃堰洪水影响较大的重要基础设施。

（2）监测仪器应可靠适用，便于安装和观测，对应急处置期可能出现的地震、暴雨等恶劣环境应有较强适应性。监测数据应快速处理、分析及评价。

（3）巡视检查内容宜包括堰塞体变形和渗流以及滑源区变形发展。巡视检查宜每天1~2次，在高水位时应增加次数；发现异常情况后应连续监测、巡视，及时上报。工程措施应急处置期间，应对两岸不稳定地质体开展24小时不间断监测、巡视，发现异常情况及时发出预警。

（4）对堰塞体及周边涉及应急抢险人员人身安全及重要抢险设备安全的不良地质体，必须开展实时监测预报，监测方法可采用GBSAR（地基合成孔径雷达）、GNSS（全球导航卫星系统）、无人机、视频监控、传感监测等。

（5）裂缝监测可采用钢卷尺或手持RTK（实时差分定位）仪器等简易方法，堰塞体渗流和堰塞体及周边不良地质体变形可采用视频监视方法。

二、堰塞湖应急抢险预测

（一）水情预测

（1）水情预测方案应按《水文情报预报规范》（GB/T 22482—2008）的规定，并根据堰塞湖应急处置对水情预测的要求编制。实时预测过程中应根据应急处置进展和上下游水情变化，及时调整预测对象、要素、方法与频次。

（2）当堰塞湖所在流域缺乏水文资料时，预测方案可利用邻近地区实测暴雨洪水资料或耦合气象数值预报产品和分布式水文模型编制，综合分析比较后修正移用；也可利用应急监测水文资料、水位库容关系等预估。

（3）应根据所在地区自然地理特征、暴雨及洪水特性、上游径流和气象预报资料开展水情预测工作，并加强常规地面、高空探测、卫星遥感等多源异构信息融合使用。

（4）水情预测方案采用的方法、系统数学模型或经验相关关系，应符合流域水文特性，并应根据更新的水文信息对方案及时调整和修正，实现滚动预报。应对水情预测方案进行评定。

（5）洪水预测数据宜在现时校正和综合分析判断基础上，采用多种方案和途径确定。

（6）应急处置水情预测应建立预警机制，根据水情预测信息和堰塞体溃口洪水过程确定预警发布级别，及时发布预警信息。

（二）堰塞湖溃堰洪水预测

（1）溃堰洪水预测应包括堰塞湖溃口洪水预测与溃堰洪水演进预测。

（2）预测堰塞体溃口洪水的主要参数应包括堰塞湖起溃水位、库容、上游来流量、堰塞体溃决历时、溃口形态及其发展过程、上游水位变化过程等。

（3）应首先根据堰塞体周边地质条件、上游来流情况、水流冲刷能力、堰塞体抗冲性能等因素，判断堰塞体溃决的可能性。堰塞体溃口形态及其发展过程宜根据河谷地貌形态、堰塞体物质组成和形态、上游来水量及库容等因素分析，也可采用经验公式拟定。

（4）当堰塞湖风险等级为Ⅰ级、Ⅱ级时，溃口洪水预测应采用一维数学模型或平面二维数学模型确定；当堰塞湖风险等级为Ⅲ级、Ⅳ级或资料缺乏时，可采用经验公式估算。

（5）溃口洪水预测时应叠加上游实测来水量或预报来水量。无实测来水量或预报来水量数据时，应急处置处于汛期时，叠加洪水标准可按表5-8确定，枯水期可采用当月最大月平均流量。

表5-8　堰塞湖汛期溃决叠加洪水标准

堰塞湖风险等级	叠加洪水标准/年
Ⅰ级	≥5
Ⅱ级	3～<5
Ⅲ级	2～<3
Ⅳ级	≤2

（6）溃堰洪水演进计算宜根据下游河道水文和地形资料，采用一维非恒定流水动力学模型确定，模型边界条件设置和参数校验应按《溃坝洪水模拟技术规程》（SL/T 164—2019）和《水利工程水利计算规范》（SL 104—2015）的相关规定执行；条件不具备时，

可参照其他经论证的方法确定。

三、应急通信

（一）应急监测网络要求

由于堰塞湖一般形成于高山峡谷区，尤其是地震后形成的堰塞湖，交通等中断，又频频遭受余震的威胁，监测仪器设备等受到各种不利因素的制约，因此监测网络必须满足如下条件。

1. 无线通信

高山峡谷区的通信线路主要沿河谷展布，由于修建公路、水电工程以及居民房屋，河谷区域大量开挖边坡，导致潜在的滑坡、崩塌和不稳定斜坡，还有沟谷泥石流的堆积扇沿河谷分布，各类山地灾害严重威胁通信线路的安全。为了使堰塞湖监测信息能够传输出去，监测网络的通信必须基于无线通信模式，包括无线传感器网络、GPS/GPRS、CDMA、卫星通信等方式。

2. 无人值守

由于监测仪器的专业化，开展监测工作时无法像传统监测那样让专业人员现场值守，主要原因有两点，一是面对如此大量的监测任务，专业监测人员严重不足，特别是地震后难以在短时间内获得大量专业监测人员；二是监测高危险性堰塞湖时，监测人员的安全得不到保障。因此开发无人值守的监测网络势在必行，这就要求专业人员可以通过远程监控各监测仪器，设置仪器监测模式、采样时间、采样频率等。

3. 低功耗且独立电源支持

由于发生灾害时电力供应线路往往受损，特别是地震灾区的电力供应线路破坏严重，在未来电力线路还可能遭受次生灾害的威胁，考虑到外加电力供电对于监测网络是不可靠的，因此，每个监测点必须配备独立电源，可充分保证仪器长时间可靠连续工作。此外，采用低功耗的设备也是必要的。

4. 实时性

为了及时掌握堰塞湖的危险状况，监测数据的实时性非常必要，而且灾害预警也必须基于实时监测数据才能构建精确的预警系统，为避灾赢得更长的宝贵时间。

（二）堰塞湖应急通信要求

基于监测网络必须满足的 4 个条件，堰塞湖应急通信应当实现以下 3 点要求。

（1）为保障应急处置现场通信，应充分整合公用网络资源和专用网络资源，快速、高效组建应急通信网络，满足监测资料、文字信息、语音影像等数据的传输要求。

（2）水文应急监测信息传输通信应根据区域地形、现场通信条件等，结合微（短）波通信、移动公网、数字集群通信、卫星通信等通信方式特点，选择最有效的信道，宜建立互为备份的主信道和备用信道。

（3）应急测报数据传输组网结构应根据网络规模、信息流程、信息量、节点间信息交换的频度和节点的地理位置等要求，选择联网信道和数据传输规程，配置备用信道，实现与水文信息网和应急处置指挥机构的互联。

第三节　堰塞湖应急抢险救援处理措施

一、堰塞湖应急处置原则

（一）抢险施工组织机构设置原则

根据抢险工程的实际需要，成立基本指挥所，在现场成立前进指挥所。抢险前进指挥所按照以下原则组建。

（1）权力集中，决策及时，工作效率高。

（2）能够减少指挥所内部与外部的矛盾并能及时解决问题。

（3）减少管理界面和行政干预，便于协调。

（4）层次管理，分为决策层、管理层和作业层，决策层由指挥长、政委，总工程师、副指挥长等组成；管理层分成5个组，即技术保障组、现场指挥组、综合协调组、政工宣传组和后勤保障组；作业层由专业化突击队伍组成。

（5）实现决策正确及时，管理组织有序，作业精良。

（二）应急处置方案

1. 一般规定

应急处置方案的编制应按照《堰塞湖风险等级划分与应急处置技术规范》（SL/T 450—2021）的规定。

（1）应急处置应建立跨部门的统一联动协调机制。

（2）当应急处置分为应急抢险处置和应急恢复处置两个阶段时，应急抢险处置方案应由应急抢险指挥机构组织评审和实施；应急恢复处置方案应根据应急抢险处置评估结论，经专项勘测设计报相关部门审查后实施。应急处置一步到位的实施方案，应由应急抢险指挥机构组织评审和实施。堰塞湖所处地区一般地理位置偏僻，基础资料缺乏，处置时间紧迫，编制应急抢险处置方案时不宜强求深度。

（3）应急处置技术方案编制单位应具有相关资质，具备编制应急处置方案和提供现场技术服务的能力，以便充分利用已有的堰塞湖应急处置经验、快速获取基础资料。

（4）应急处置技术方案应包括概况、水文、地形地质、溃坝洪水分析、堰塞湖风险等级、对上下游的影响、工程措施与非工程措施、施工组织设计、监测预警、撤离转移范围等内容，其中撤离转移范围是指洪水影响区域，撤离转移具体措施不属于应急处置技术方案的必要内容。

（5）应急处置方案应经决策部门批准后组织实施。受气象水文条件、施工能力、后勤保障水平、人员安全等各种因素制约，技术方案可能在实施过程中发生重大变更，牵涉范围可能较广，当技术方案出现重大变更时，应报决策部门重新审批。

2. 应急处置方案编制

（1）应急处置方案应以降低堰塞湖风险，避免人身伤亡、保证公共或基础设施安全、减小对生态环境的影响为原则。

（2）工程措施与非工程措施应形成互补，确保避免人身伤亡。工程措施应便于快速实施，非工程措施应结合当地的实施条件和已有应急预案综合确定。

（3）为了避免河道洪水与堰塞湖高水位叠加、加大溃堰风险和损失，应急处置应在灾难性后果发生前完成；非汛期形成的堰塞湖，应在汛前完成应急抢险处置，并满足应急度汛要求。

（4）施工条件和工期允许时，应采取降低堰塞湖水位的工程措施。堰塞湖的蓄水量是主要的风险源，应急处置工程措施应降低堰塞湖的水位，以达到快速降低或消除堰塞湖险情的目标。

（5）处置过程中应根据实际情况及时对工程处置方案进行动态调整。

（6）现场条件允许时，引流槽上游段宜采取工程防护措施。

3. 应急处置措施

（1）应同时制定工程措施和非工程措施，工程措施与非工程措施互为保障、相辅相成，除险与避险并重，以综合损失最小为原则。由于应急处置工程不确定因素多，工程措施与非工程措施均要有必要的安全裕度。工程措施以降低风险或消除风险为目标，非工程措施要考虑最不利因素组合。

（2）工程措施处置对象应包括堰塞体、堰塞湖区滑坡与崩塌体、下游影响区内重要设施等。

（3）非工程措施应包括上下游人员转移避险、上下游水库调度、通信保障系统以及设备、物资供应、运输保障措施和会商决策机制等。

（三）工程措施

1. 一般规定

（1）制定工程措施时应根据堰塞湖具体情况合理选用，制定应急处置工程措施时，应根据堰塞湖具体情况、可利用的处置时间，因地制宜，采用一种或多种措施。应急处置工程措施的主要目的是降低堰塞湖水位。工程措施主要包括增加泄流设施，增大泄流能力，降低水位，减小库容，降低堰塞湖溃决洪水风险；溃决难以避免时，也要尽可能为非工程措施赢得时间和空间。

（2）工程措施应主要包括下列几类。

①堰塞湖排水。堰塞湖排水包括开挖引流槽、泄流渠、泄洪洞，水泵抽水、虹吸排水，利用堰塞湖区现有的排水通道或对现有通道改造利用等。

②下游行洪区内设施拆除与防护。

③堰塞湖区及下游洪水影响区可能引发重大地质灾害和次生灾害的岸坡防护处理。

④挖除堰塞体，排泄湖水，恢复河道。

对于高危堰塞湖，宜开挖引流槽，利用引流槽过水后水流的冲刷逐步扩大过流断面、增大泄流能力，使堰塞湖水降至能安全度汛的水位。引流槽应用较普遍，如唐家山堰塞湖、“11·3”白格堰塞湖的应急处置。引流槽可以有效减小库容，降低溃堰洪水的风险。

在堰塞体高度不大、堰塞湖溃决可能性较小、堰塞湖区无重大淹没损失时，可选用泄流渠安全下泄上游来水，泄流渠的断面在泄流前后一般不会显著增大，因此需要对过流断面进行必要的防护。

当堰塞体规模不大、具备开挖条件的，在有其他配套方案时，挖除堰塞体可以达到彻底治理的目的。

对于上游来水量小于15 m^3/s左右的堰塞湖，应急处置期可采用机械抽排水、虹吸排水等除险措施。虹吸排水的虹吸高度一般不超过8.0 m，虹吸流量采用有压流短管流量公式进行估算，目前单管最大流量在16 m^3/s左右。

若上游湖区有可利用的天然垭口，应急处置期可结合施工条件分析采用爆破或开挖等手段予以临时开槽泄洪。

当选用泄洪洞泄流时，泄洪洞进出口应避开堰塞体或泥石流，以防被堵塞再次造成险情。

（3）选定的工程措施方案应在报批现场指挥部或相关决策部门后组织实施。

2. 堰塞湖排水措施

（1）堰塞湖形成后，应根据现场条件尽快实现湖水下泄，控制堰塞湖险情发展。堰塞湖水位和库容是决定溃堰洪水风险的关键指标，因此在堰塞湖形成后，应尽快通过工程措施实现堰塞湖尽早过流。

（2）湖水排泄措施选择应遵循下列原则。

①当堰塞湖风险高，预测溃决可能性大，存在重大淹没损失时，宜选择开挖引流槽方案。

②当预测堰塞湖短期内溃决可能性小，且堰塞湖区无重大淹没损失时，宜选择开挖泄流渠方案。采用泄流渠方案时，应采取工程措施避免泄流过程中发生突溃风险。

③当堰塞体体积较小，具有较短时间内拆除可能性，拆除期间湖水下泄对施工人员、施工设备及下游不构成危害时，可选择拆除堰塞体方案。

④对来水量较小的堰塞湖，可选择水泵抽排、虹吸排水方案。采取其他排水措施的堰塞湖，也可通过泵抽、虹吸排水延缓湖水上涨速度。

⑤当堰塞体整体稳定性好、堰塞湖短时间内不会漫顶溃决，且有条件布置线路较短的泄洪洞并有充裕施工时间，或在抽排措施配合下具备施工条件时，也可选择开挖泄洪洞方案。

⑥堰塞湖区存在天然垭口或存在引水洞、灌溉洞等排水通道时，应研究利用和改造利用现有排水通道的可能性，并对可靠性、稳定性进行评估。

当排水方案较多时，需要根据上游来水量、堰塞体危险性、堰塞体规模、现场可利用的排水通道情况、可利用时间等综合确定，也可以将不同方法结合使用。

以往在对小型堰塞湖或上游来水量较小的堰塞湖进行应急排水处置时，多采用泵抽的方法，受交通运输、现场安装等因素制约，抢险采用的单个泵排水能力多小于0.5 m^3/s。虹吸排水具有运行成本低、单台（套）排水能力强的优点，目前直径1 m的虹吸管的排水能力已达6~7 m^3/s，如果现场采用2台虹吸设备，则排水能力将达13 m^3/s左右，因此在上游来水量小于15 m^3/s时，可以考虑采用虹吸泄流方法控制堰塞湖风险。

3. 引流槽及泄流渠设计

（1）当堰塞体体积较大、不易拆除，其构成物质以土石混合物为主，具备水力快速冲刷条件时，经论证可在堰塞体上开挖引流槽，利用引流槽过水后的冲刷逐步扩大过流断面，增大泄流能力，降低堰塞湖水位。

（2）当堰塞体体积较大、不易拆除，但其构成物质以大块石为主，不具备快速水力冲刷条件时，可采取机械或爆破开挖泄流渠。

（3）若上游库区有天然垭口或堰塞体上存在天然泄流通道时，要研究利用的可能性，并对其可靠性、稳定性进行评估。

（4）引流槽及泄流渠选线布置应遵循下列原则。

①轴线布置应满足施工作业相对安全、便于人员紧急撤离避险的要求，宜利用堰塞体垭口或天然低凹部位，以节省工程量、实现尽早过流。

②引流槽宜布置在堰塞体颗粒较细、容易被冲刷的部位，线路应顺直，以降低开挖难度、加快开挖进度，利于过流初期小流量阶段的流槽冲刷下切。

③泄流渠宜布置在堰塞体抗冲能力较强的部位，线路应顺直，尽量布置在颗粒较粗的部位，以提高流道的抗冲性能。

（5）引流槽断面设计应遵循下列原则。

①引流槽初始断面宜根据可能达到的施工强度和能够满足的最低水力冲刷条件综合确定。宜拟定相同开口线和坡比、不同渠底高程的开挖方案，实施时根据水情及其他险情适时动态调整。引流槽断面会伴随冲刷下切而发生很大变化，且其初始过流能力随上游水位变化而变化，因此引流槽设计时不需要考虑初始过流能力和设计洪水标准。

②引流槽断面宜呈窄深状，结构简单。

③引流槽断面应与施工设备相匹配。为提高开挖效率，在交通条件允许的情况下，宜采用斗容在1.2 m^3以上的挖掘机械。

④引流槽边坡应在施工过程中和过流初期保持稳定。引流槽边坡比应根据堰塞体物质组成和密实性确定，一般可选择1∶1.3~1∶1.5。引流槽边坡应在施工过程中保持稳定。实践证明，上述建议边坡比在引流槽过流初期，不易产生较大规模的坍塌，不易因边坡失稳而堵塞流道。

⑤引流槽的纵坡应结合地形拟定，为实现溯源冲刷，从上游至下游宜由缓变陡，引流

槽末端宜设置陡坎。

⑥有条件时，引流槽横断面宜采用复合断面，在上游段布设防冲设施。

（6）泄流渠断面及水力设计应遵循下列原则。

①泄流渠过流能力应满足应急处置期设计洪水标准要求。

②为防止泄流渠过流而发生快速冲刷，泄流渠的边坡和底部应具有一定的抗冲刷能力。流速和单宽流量是决定流道是否遭受冲刷的关键，泄流渠断面宜采用宽浅型的复式断面，同时应加强泄流渠尾部抗冲刷保护，在进行水力设计时应避免堰塞湖发生突然溃决。

③泄流渠水力学和结构计算宜符合《溢洪道设计规范》（SL 253—2018）的要求。

4. 堰塞体加固及拆除原则

（1）当堰塞体体积较小，具有在较短时间内拆除的可能性，且拆除期溃决不会对施工人员、设备及下游造成危害时，可对堰塞体进行机械或爆破拆除，恢复河道行洪断面。

（2）堰塞体拆除要进行论证，在确定对堰塞体进行拆除前，要分析上游来水情况、堰塞体物质组成状况、拆除期间的施工安全风险，选择拆除时机和拆除方案；拆除堰塞体时要由上至下、逐层逐段进行；当需要采用爆破拆除时，要进行爆破设计。

（3）为保证应急处置措施的安全实施，必要时要对堰塞体进行临时加固；对堰塞体进行永久加固时，要进行专题论证。

（4）堰塞体拆除方法宜根据现场施工交通条件、堰塞体物质组成和体型确定。

（5）堰塞体宜采用机械开挖与爆破相结合的拆除方式。当堰塞体由块碎石或碎石土组成时，宜优先选择机械开挖方法进行拆除。当不具备大型施工设备进场条件时，宜考虑采取爆破拆除方式；当堰塞体主要由大块石和大体积岩体组成并且体型窄瘦时，宜考虑控制爆破拆除。对于爆破拆除应进行专门设计，以免堰塞湖瞬时溃决，或影响邻近边坡失稳而造成次生灾害。

5. 应急处置施工处置原则

（1）施工组织设计应根据实际情况制定，内容可适当简化。

（2）施工方法应根据工期、交通条件、现场施工条件等因素选择。

（3）应急处置方案应进行多目标设计，方案应简洁、高效。湖水快速上涨或堰塞体出现重大险情不能按计划完成施工时，应及时调整施工计划。

（4）抢险施工设备性能应满足作业需要和运输条件，数量应满足连续作业的需要。

（5）堰塞湖应急处置人员、设备进场及给养运输宜首选陆路，利用已有道路、疏通部分中断的道路或开辟临时进场道路。陆路运输确有困难，在评估认为安全的条件下，可选用水路运输。对于高风险和极高风险堰塞湖，在陆路和水路运输均不具备条件时，可采用空运。

（6）应急处置期间，应保障人员及施工设备的物资供应。

（7）对于爆破器材、油料等危险品的运输、存储、使用，应建立严格的管理制度。现场条件受到限制，爆破器材、油料等危险品存储不符合相关规定时，应制定专门安全措施。

（8）应急处置工程措施完工时，经批准后可结束施工。

（四）非工程措施

1. 一般规定

（1）非工程措施可包括应急避险、上下游水库调度、堰塞湖及洪水影响区交通管制等。应急避险应确定应急避险范围，制定应急避险预案和应急避险的保障措施。对于较大规模的堰塞湖的应急处置，非工程措施一般都是必需的，无论是单独运用，还是与工程措施联合运用。如2008年“5・12”汶川地震中形成的唐家山堰塞湖、肖家桥堰塞湖、罐滩堰塞湖等堰塞湖在应急处置过程中均采用了人员疏散转移等非工程措施。

（2）非工程措施应与工程措施相结合。无法实施工程措施时，可单独实施非工程措施。一些堰塞湖在形成后，由于交通不便、施工困难等客观条件所限，或堰塞湖很快漫顶溢流，无法进行工程措施干预时，在一定时段内只能依靠非工程措施避险。

（3）水库调度等专项非工程措施应符合相关主管部门的要求。

2. 应急避险

（1）上游应急避险范围应包括最高可能水位对应的淹没区和堰塞湖引发的次生地质灾害影响区。对库容大于1000万m^3的堰塞湖，上游应急避险范围应根据预测水位确定。在堰塞湖应急处置期，应分析上游来水量及堰塞体高度，结合上游河道地形条件、城镇、厂矿企业、居民区、重要设施及滑坡分布情况综合考虑上游避险范围。

（2）下游应急避险范围应包括堰塞体溃决后下游过水区及可能引起的塌岸、滑坡区及其气浪冲击等次生灾害影响区。由于获取资料可能不完整，在计算下游溃堰洪水避险范围时，宜采用多种方法，用溃堰洪水的外包线确定应急避险范围。

（3）在确定堰塞体上下游避险范围后，应根据水情预报成果，结合交通情况，测算避险时段，供决策部门参考使用。应急避险时段和下游洪水影响程度应根据水位及溃堰洪水传播预测确定。

（4）当堰塞湖水位上升速度、引流槽或溃口过流冲刷、堰塞体渗流或渗透破坏出现异常时，应发出应急避险预警。

3. 上下游水库调度

（1）水库调度是应急处置非工程措施的重要组成部分，通过上、下游水库科学调度，可有效降低堰塞湖风险，减小堰塞湖次生灾害影响范围，保障社会的稳定和人民生命财产的安全。下游水库调度是重点和难点，应根据其风险级别，区别对待。目前，堰塞湖溃决后，对下游水库的安全影响尚无成熟的判别标准。总结国内堰塞湖的相关资料，初步选择堰塞体与下游水库坝址的距离、堰塞湖溃决后下游水库入库洪峰流量、堰塞湖库容与下游水库有效库容的比值3个指标，将下游水库的风险划分为高风险、中风险和低风险。

堰塞体与下游水库坝址的距离决定了堰塞湖溃决洪峰达到下游水库的传播时间及危害程度。

设计洪水是符合水库大坝防洪设计标准的洪水，超过设计洪水标准，水库工程的正常运用将遭到破坏，校核洪水反映水工建筑物在非常运用情况下所能防御洪水的能力，超过校核洪水标准后水库可能存在失事风险。因此，将堰塞湖溃决后下游水库入库洪峰流量按超过水库校核洪水标准、介于水库设计洪水标准与校核洪水标准之间、小于水库设计洪水标准，分为高风险、中风险和低风险。

堰塞湖库容决定溃堰洪水洪峰流量和洪量的大小及对下游的危害程度。堰塞湖溃决后，下游水库是否存在漫坝的风险，既与堰塞湖溃决时存蓄的水量有关，也与下游水库的泄流能力有关，还与洪水过程持续时间有关。从偏安全角度考虑，按堰塞湖库容与下游水库有效库容的比值≥1.5、1~1.5 和<1，分为高风险、中风险和低风险。有条件时可通过下游水库调洪计算成果确定风险级别，当调洪最高水位超过或等于校核洪水位，水库为高风险；当最高水位介于设计洪水位和校核洪水位之间，水库为中风险；当最高水位低于设计洪水位，水库为低风险。

下游水库风险级别受多种因素影响，为安全起见，应按其各项分级指标对应的风险级别中最高者确定水库的风险级别。堰塞体下游有多座梯级水库时，与堰塞体相距最近的水库风险级别最高，其余水库受梯级水库拦蓄影响后，堰塞湖溃决的危害程度将逐级减弱。此时其上游水库拦蓄后的出库洪峰流量将成为下游水库风险判别的最主要因素，在此基础上，综合考虑水情预测、水库自身状况等因素，确定水库风险级别。若下游水库存在溃坝风险时，应考虑溃坝洪水情况，综合确定风险级别。

综上所述，上游水库的作用和下游水库的风险评估应根据堰塞体的位置和堰塞湖规模确定，下游水库风险级别与分级指标可按表 5-9 划分，有条件时可通过调洪计算确定。

表 5-9　堰塞湖下游水库风险级别与分级指标

风险级别	分级指标		
	堰塞体与下游水库坝址的距离/km	堰塞湖溃决后下游水库入库洪峰流量	堰塞湖库容与下游水库有效库容的比值
高风险	≤100	≥水库校核洪水洪峰流量	≥1.5
中风险	>100~1000	<水库设计洪水洪峰流量，≥水库设计洪水洪峰流量	1~<1.5
低风险	>1000	<水库设计洪水洪峰流量	<1

按表 5-9 中的 3 个指标分别确定的风险级别不同时，水库风险级别应按其中最高级别确定。

当堰塞体下游有多座梯级水库时，除与堰塞体相距最近的水库按表 5-9 确定的风险级别外，其余水库风险级别可只按其上游水库拦蓄后的出库洪峰流量进行判别。

（2）参与调度的水库范围应根据上下游水库作用或风险评估结果确定。堰塞湖以上流域内控制性水库宜纳入调度范围，其中离堰塞湖最近的水库是调度的重点。下游水库风险级别为高、中风险的，应纳入调度范围，低风险水库可正常调度。下游 1000 km 以外的水库可不纳入调度范围。

（3）堰塞湖形成后，应根据影响范围内下游水库风险级别，尽快组织编制下游水库调度方案和应急预案，为堰塞湖应急处置提供技术支撑。

（4）上游水库调度应遵循下列原则。

①以保证水库安全运行为前提，根据堰塞湖的形成和发展过程分阶段确定调度方案。

②堰塞湖形成阶段，应根据工程抢险需要，适时调整上游水库下泄流量。上游水库一般以拦蓄水量为主，减缓堰塞湖水位上涨速度，为堰塞湖应急处置赢取时间。

③堰塞湖溢流阶段，应配合应急处置工程措施，适时调整上游水库下泄流量。若上游来水量较小，对堰塞体不能形成有效冲刷时，经综合评估后，上游水库可在有控制条件下加大下泄流量，冲刷堰塞体，降低堰塞体高度。此种调度方式在 2020 年 7 月清江上游沙子坝堰塞湖除险过程中得到应用，取得较好的效果。

④堰塞湖发生溃决时，上游水库宜减少下泄流量。

（5）下游水库调度应遵循下列原则。

①高风险水库应及时腾库，必要时宜进一步采取其他应对措施。

②中风险水库应根据堰塞湖溃决洪量预留相应库容。

③低风险水库可按正常情况调度，实时关注堰塞湖的发展过程，并随时做好腾库的应急准备。

④应根据堰塞湖容积和水情预测实时调整下游水库水位和预留库容，并留有余地。

⑤制定下游水库腾库方案时，应保证工程安全、下游沿岸的防洪安全和库岸稳定，水位不应骤降。当下泄洪水与下游水库距离较近、洪峰流量较大或入库流体中泥石含量较大时，应考虑浪涌对水库防浪墙及溢洪道等设施的影响。

（6）堰塞湖应急处置期间，应根据安全性评价、溃堰洪水分析成果及险情处置进展等信息，及时滚动会商，加强前后方信息交流，根据安全性评价、溃堰洪水分析成果及险情处置进展等，加强分析研判，实时调整水库调度方案。

4. 保障措施

（1）应急处置应建立跨部门、跨行业的协调沟通机制。

（2）堰塞湖形成后，应立即勘查、分析研判堰塞湖进场条件，按陆路为主、水路为辅、空中支持的原则，制定可行的交通方案。在抢险现场及主要进场道路上，可根据需要采取交通管制。

（3）在抢险现场应建立临时通信保障设施，或加强已有通信设施保障能力，满足应急处置通信需求。

（4）应急处置应建立信息共享机制。抢险施工现场应建立安全监控信息共享、通报、预警机制。

（5）施工现场应建立险情处置预案，明确撤离路径、避险地点。

（6）应急处置应加强堰塞湖险情和应急处置进展情况通报。

（7）堰塞湖影响区存在可能影响水质、空气质量的污染源时，应开展空气环境、水质监测，并及时采取应对措施。

（8）应急处置宜针对堰塞湖水面漂浮物编制打捞或驱散处理方案。

（五）现场布置原则

1. 应急抢险交通

1）场外交通

应急处置交通，一般通过陆路、水路及空中运输条件综合分析确定施工运输方案，首选陆路交通方案。

根据前期勘察，尽可能利用现有交通网络通过陆路运输设备和人员至应急处置最近地点，再疏通部分中断道路至堰塞体；若陆路运输确有困难，可选用水路，但如果水路受堰塞湖本身溃决威胁，要避免采用，以防造成人员伤亡。

对于溃决后影响较大的大型堰塞湖，若应急处置过程中陆路和水路运输都不具备条件时，可采用空运。

2）场内交通

根据堰塞体及周边交通条件，修建场内交通。若拟采用机械开挖泄流渠或引流槽场内道路，应尽可能修至施工作业面；若道路无法修至作业面，需自卸汽车出渣时，可采用重机接力传递至自卸车出渣平台，再由自卸车运至渣场。

2. 风水电布设

1）供风系统

供风系统应在综合考虑安全、供风覆盖面、供风距离等因素后进行布置。若采用集中供风时，一般布设在堰体较为平整的平台上，供风站可根据现场实际情况，选择电空或柴空，集中布设，统一用钢管通风至工作面 30~50 m 范围内，再采用胶管分支到各钻孔点。另外，个别位置采用小型移动式空压机补充配合供风。若采用移动式空压机供风时，一般可选择 12 m^3/min、9 m^3/min、6 m^3/min 和 3.5 m^3/min 灵活配置。

2）供电系统

施工用电一般在抢险救灾指挥部的统一协调下，就近接系统电，变压器设在用电负荷大的空压站旁，根据用电负荷配置变压器电容量大小；若就近没有供电系统，空压机宜选用柴空，供电系统用 50 kW 或 100 kW 柴油发电机自发电，以满足施工照明、办公生活用电。

3）供水系统

有条件的情况下，优先从当地供水系统接生活用水；若接用当地系统供水不具备条件时，尽可能采用居地的山泉水，引水管接至生活营地。一般未经过滤消毒不能直接使用堰塞湖水，生活用水现场完全不具备条件时，需用纯净水或矿泉水保障现场施工人员的生活用水。

施工用水一般优先采用施工区附近的山泉水，当现场不具备山泉水时，采用堰塞湖水需沉淀过滤再使用。

3. 设备停放场

由于堰塞湖应急处置时间紧、任务重，应急处置时通常是停人不停机，施工设备由于高强度、连续工作而易耗损，一般抢险时设备配置应考虑适当的备用。

设备停放场一般选择在堰塞体附近，但不受滑坡、泥石流、洪水、溃坝等次生灾害影响的平地上，场地大小根据设备与保养数量确定，一般可同时供2~3台施工设备修理之用，主要对重机、自卸车和空压机服务等提供维修、保养。

4. 钢筋加工厂

考虑到堰塞湖坡脚或过流渠底需进行加固，若处置方案需用钢筋笼或锚杆加固的，一般可在设备停放场旁设钢筋加工厂，集中进行钢筋笼或锚杆加工。

5. 渣场

渣场需根据现场条件、运输距离综合布置，渣场设置一般为减少运输时间，因此运输距离不宜过长，可按上、下游开挖进度分别设立渣场。

6. 后勤保障

1）生活营地

生活营地用于满足抢险施工人员的生活需要。一般在抢险救灾指挥部的统一协调下，宿营可采用宿营车或临时搭设帐篷住宿，由军用生活车提供伙食。

2）库房

一般情况下，物资库房安排在生活区附近。炸药和柴油由救灾指挥部集中供应，现场应配置爆破器材防爆车、流动供应爆破器材和柴油加油车供重型设备加油。

3）给养

应急处置期间，除做好技术和施工人员及施工设备的输送外，还要做好技术和施工人员及施工设备的给养，主要包括帐篷、水、食物、棉被、燃料等。

7. 通信保障

抢险现场应建立临时通信保障设施，或加强已有通信设施保障能力，满足应急处置通信要求。通信系统要首选卫星通信，由于卫星通信传输距离远、覆盖面广、通信质量好，较适用于地形复杂、覆盖范围大的情况。

（六）应急处置评估及应急恢复处置

1. 一般规定

（1）应急处置评估宜分为初步评估和综合评估两个阶段。

（2）应急抢险处置实施后，应立即开展初步评估。初步评估结论可作为解除应急抢险状态或继续实施应急恢复处置的依据。

（3）综合评估应对残留堰塞体、泄流通道、堰塞体物源区斜坡、堰塞湖区重大地质灾害体开展全面评估。综合评估应由具有相关资质的单位承担。

（4）根据初步评估或综合评估结论，当存在再次形成高风险或极高风险堰塞湖的可能时，应再次组织应急处置；当河道防洪标准满足应急抢险处置标准，但不满足堰塞湖应急恢复处置标准时，应进行应急恢复处置。

（5）应急处置完成后，参建单位应及时向有关主管部门移交资料。

2. 初步评估

（1）初步评估内容应包括残留堰塞湖的风险、残留堰塞体的稳定性、泄流通道稳定性和行洪能力等。

（2）残留堰塞湖风险应根据溃口部位堰塞体残留高度、泄流通道纵坡、溃口尺寸等综合评价。

（3）残留堰塞体稳定性应包括整体稳定、上下游边坡稳定、渗流稳定等。

（4）泄流通道稳定性应包括堰塞体河段泄流通道两侧边坡及河床两岸边坡的稳定性、泄流通道抗冲刷能力、流道发展变化分析判断等。泄流通道行洪能力应包括不同标准洪水时的水位、流速及上游可能影响范围。

（5）初步评估报告应由应急处置指挥机构审定。

3. 综合评估

（1）综合评估应包括下列内容。

①残留堰塞体及泄流通道两侧边坡稳定性，边坡局部失稳对流道行洪能力的影响。

②泄流通道抗冲刷稳定性。

③堰塞体物源区变形破坏特征、后续失稳堵塞河道可能性。

④堰塞湖水位库容曲线复核。

⑤堰塞体上下游河床演变，包括上下游河道地形变化及演变趋势。

⑥堰塞湖区不稳定地质体可能产生的危害及其对堰塞体安全的影响。

⑦应急处置效益以及是否继续开展应急恢复处置的建议。

（2）应急恢复处置建议应包括下列内容。

①对滑源区不稳定斜坡及堰塞湖区重大地质灾害体的加固或处理措施。

②提高残留堰塞体稳定性及泄流通道边坡稳定性的工程措施。

③加大泄流通道泄洪能力或加固泄流渠的工程措施。

④降低堰塞湖后续风险的其他工程措施。

4. 应急恢复处置

（1）堰塞湖应急恢复处置范围应包括泄流通道、残留堰塞体、滑源区及堰塞湖区重大地质灾害体等方面。

（2）泄流通道应急恢复处置应遵循以下原则。

①堰塞体应急恢复处置洪水标准应符合表 5-7 的规定。

②泄流能力不满足防洪标准要求时，可扩挖泄流通道，或增设其他泄流设施。

③泄流渠抗冲性能不满足要求，堰塞湖存在溃决风险时，应及时实施人员转移、水库

调度等措施。

二、堰塞湖应急排险处置程序

（一）堰塞湖应急排险方案程序

堰塞湖应急排险方案程序为：堰塞湖基本情况的了解→堰塞体稳定性分析→应急排险目标的制定→应急排险方案的制定→方案现场实施。

1. 堰塞湖基本情况的了解

通过先遣队伍对堰塞体物质组成、地形地质、水文气象、堰塞湖水位情况进行了解。

2. 堰塞体稳定性分析

由技术人员根据堰塞体物质组成、水文气象等基本情况对堰塞体进行稳定性分析，并计算出堰塞湖满蓄时临界水量，进行灾情判断。

3. 应急排险目标的制定

根据灾情制定堰塞湖应急排险阶段目标（或根据国家防总对灾情的处理要求，制定阶段目标）。

4. 应急排险方案的制定

根据应急排险各阶段目标，制定详细的排险处置方案，编制包括施工布置、施工方法、进度计划、资源配置、对外交通、通信和后勤保障、施工安全等应急处置施工组织设计方案。

5. 方案现场实施

根据排险方案进行现场布置以及排险方案施工作业。

（二）堰塞湖应急排险处置现场实施流程

（1）开挖设备能进场时，泄流槽开挖作业流程如图 5-1 所示。

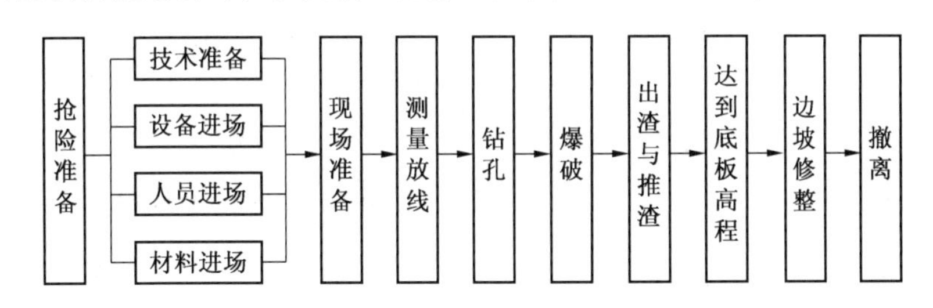

图 5-1 泄流槽开挖作业流程（开挖设备能进场）

（2）设备无法进场时，泄流槽开挖作业流程如图 5-2 所示。

三、堰塞湖应急排险处置措施

（一）以大块石为主的堰塞体施工方法

以大块石为主的堰塞体的施工方法主要取决于堰塞体所在位置的交通状况，如果交通没有中断，机械设备可以到达，对引流槽（泄流渠）采用爆破与机械开挖相结合的方法进

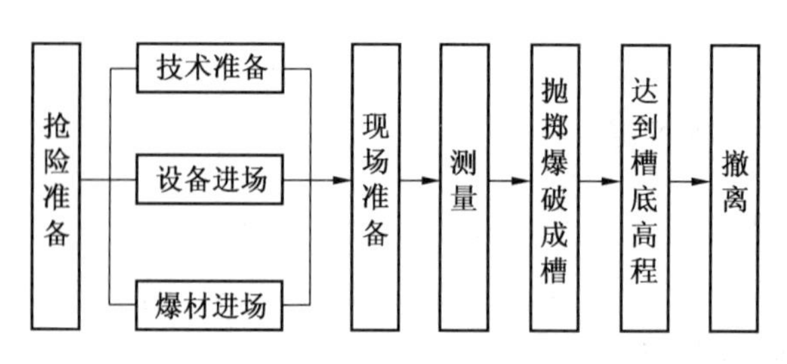

图 5-2　泄流槽开挖作业流程（开挖设备无法进场）

行施工；如果交通完全中断，钻孔机械、挖运机械等设备在短时间内根本无法到达，再加上堰塞湖水位在不断上涨，溃决的可能性在不断增加，时间每拖延一秒，危险就增加一分，抢险时间非常紧迫，在这种情况下，完全用人工的方法显然不能及时排除危险，这时的爆破就是形成引流槽或泄水渠的唯一手段，不仅要对堰塞体表面的大块石实施爆破（孤石爆破），还要炸出一个引流槽（泄流渠爆破），以控制湖内水位，达到降低险情的目的。

1. 施工程序

1）交通道路畅通或具备短时间内抢通道路至堰塞体情况

具体施工程序为：道路疏通→安全隐患识别及排出→大块石爆破解小→堰塞体引流槽（泄流渠）开挖及渣料运输→下游过水通道疏通→过流预警→下游危险区撤离→开挖设备和人员撤离→堰塞体泄流→泄流过程监测→清理过流后道路→排除残留堰体安全隐患→淹没区清理及防疫处理。

2）交通中断或短时间内无法抢通道路至堰塞体情况

（1）空中运输人员、机械、爆破器材。具体施工程序为：安全隐患识别及排出→开挖机械设备、爆破器材、人员空降运输→大块石爆破解小→堰塞体泄流渠开挖→下游过水通道疏通→过流预警→下游危险区撤离→开挖设备和人员撤离→堰塞体泄流→泄流过程监测→清理过流后道路→排除残留堰塞体安全隐患→淹没区清理及防疫处理。

（2）空中运输人员、爆破器材。具体施工程序为：安全隐患识别及排出→爆破器材、人员空降运输→引流槽（泄流渠）爆破形成→过流预警→下游危险区撤离→人员撤离→堰塞体泄流→泄流过程监测→清理过流后道路→排除残留堰塞体安全隐患→淹没区清理及防疫处理。

2. 道路疏通

道路疏通主要以推土机为主，反铲为辅。

3. 安全隐患识别

安全隐患识别要求在进场时由专业技术人员进行踏勘，对边坡垮塌、变形、沉陷等危险源进行识别，并告知施工人员。

4. 大块石爆破解小

大块石（孤石）爆破通常有两种方法，一是钻孔爆破法，在交通没有中断，机械设备可以到达时应用；二是裸露爆破法，在时间紧迫、交通完全中断、机械设备无法到达时应用。

5. 开挖及渣料运输

大块石解小后，对于单块粒径小于 0.7 m^3 的渣料开挖，主要采用反铲挖掘机进行。开挖时遵循“从上而下、分段分层开挖”的原则，一般采用多台反铲接力传递开挖法，外侧渣料可以用推土机辅助推平。当具备运输条件时，采用自卸车运输渣料到附近渣场弃渣；无运输条件时，采用反铲接力传递法，将渣料顺外侧坡铺撒，形成宽度符合设计及泄流要求的明渠，具体流程如下。

（1）进口段引渠：采用反铲挖掘机拉槽修坡整底，推土机接力运料。

（2）中间泄槽段：采用反铲挖掘机拉槽，挖掘机倒料贴坡，挖掘机修坡整底，推土机接力倒料。

（3）出口段：采用反铲挖掘机拉槽甩料，推土机运碴及挖掘机配自卸车装运相结合。成型后局部用钢丝石笼护面。

开挖及渣料运输的资源配置原则：一是配置设备以反铲挖掘机为主，推土机为辅；二是开挖、疏通设备以履带式为主，运输设备要求为双桥自卸车；三是设备要求状况良好，油料充足；四是要求设备的生产能力大于开挖强度的 2~3 倍；五是要求以大型设备为主，适当配置中、小型设备。

6. 引流槽爆破

引流槽的爆破是在没有任何机械设备的情况下进行的。要形成“槽”，仅把石头解小炸碎还不行，还必须要尽可能多地把土石抛走，才能形成可以引流的“槽”，同时要尽可能地将引流槽底部的岩石充分破碎，以便过流后容易被水冲刷带走。因此在方案的选择上，应根据爆破漏斗理论，采用加强抛掷爆破方法，加大装药量。

7. 下游过水通道疏通

下游过水通道疏通主要用反铲挖除沟内堆积石块，对大块石进行爆破解小，理顺排水通道。

8. 过流预警

根据施工进度，确定开始过流时间，并通知下游需要紧急撤离区域采取避险措施。

泄流前，人和设备按要求撤离到不受洪水、坡体垮塌、堰塞体溃坝影响区。

9. 泄流过程监测

对堰塞体泄流过程，应加强远程监控和流量、水位、溃口演变过程监测，并及时反馈给相关部门，或者通知下游预警单位。

10. 泄流后清理

泄流结束后，及时进行沿途危险源及河流、道路清理，淹没区清理在 24 小时后进行。

（二）以土质为主的堰塞体施工方法

1. 施工程序

1）有道路情况下

具体施工程序为：道路疏通→安全隐患识别及排除→堰塞体泄流渠开挖及渣料运输→

下游过水通道疏通→过流预警→下游危险区撤离→开挖设备和人员撤离→堰塞体泄流→泄流过程监测→清理过流后道路→排除残留堰体安全隐患→淹没区清理及防疫处理。

2）无道路情况下

具体施工程序为：安全隐患识别及排除→开挖设备、人员空降运输→堰塞体泄流渠开挖→下游过水通道疏通→过流预警→下游危险区撤离→开挖设备和人员撤离→堰塞体泄流→泄流过程监测→清理过流后道路→排除残留堰体安全隐患→淹没区清理及防疫处理。

本节仅对堰塞体泄流渠开挖施工方法进行介绍，其他详见本章第三节的相关内容。

2. 施工方法

以土质为主的堰塞体施工方法主要有反铲开挖法、推土机成槽法。

1）反铲开挖法

反铲开挖法主要采用反铲开挖，具备运输条件的，采用自卸车运输渣料到附近渣场弃渣；无运输条件的，采用反铲接力传递法，将渣料顺外侧坡铺撒，形成宽度符合设计及泄流要求的明渠。

2）推土机成槽法

推土机成槽法主要采用推土机和反铲配合进行开挖，反铲负责开挖区场地平整和修整明渠坡度，推土机负责推挖泄流渠。推土机推行方向为顺河流方向从上至下进行。根据施工时间要求，采用单台推土机成槽或多台推土机流水作业成槽，当多台推土机同时施工时，小功率推土机在前，大功率推土机在后依次排列。

泄流渠开挖的底宽及坡度要求符合设计，边坡比不小于 1∶1。

3）资源配置原则

（1）开挖、疏通设备以履带式为主，运输设备要求为双桥自卸车。当土质含水量大时，要求配宽履带推土机为主（防沉陷）。

（2）设备要求状况良好，油料充足。

（3）要求设备的生产能力大于开挖强度的 2~3 倍。

（4）要求以大型设备为主，适当配以中、小型设备。

（三）湖水抽排施工方法

1. 机械抽排法

机械抽排主要采用离心泵进行排水。

离心泵最好固定在木制或油桶拼组成的抽水浮台上，保证水泵随水位浮动，提高抽水效果。

抽水用电源一般用自发电，发电机布置在堰塞体堆积区外，用电缆供电。当周边有系统电源时，可以考虑接引系统电源。

抽水设备功率以 11~32 kW 为主，便于人员、设备吊装、运输和移位安装，扬程根据需要抽水高度确定，台数根据需要降水速度计算排量后确定。

出水管线尽量往下游延伸，防止压力水冲切下游后引起堰体溃坝。

2. 虹吸管抽排法

虹吸管抽排法适用于没有施工道路，或水泵供应不足的情况。

虹吸管布置要求下游管线出口比上游管线进口高程要低 10 m 左右，并在堰体顶部预留注水孔。虹吸管抽水前将出口封堵，用小型水泵抽水灌满下游段水管，或人工挑水灌满，然后封闭注水孔，开启下游封堵阀门，利用自流虹吸出库水。虹吸管一般采用黑胶管或塑料管，管径一般选用 $\phi100\sim\phi250$ 型，便于人工安装连接。管与管的连接一般采用卡口连接。

虹吸管布置数量根据库水位下降要求及单管排量进行计算后设置。

（四）特殊情况下的应对措施

1. 堰塞体坡脚加固

1）块石加固法

堰塞体坡脚加固的主要目的是防止在泄流渠过水时，坡脚被急流水冲切后崩塌，引起堰塞体迅速溃坝。

根据下游地势或堰塞体情况，合理选择泄流渠出口地点，最好有天然大块石阻挡部分断面，然后考虑用反铲、推土机运输块石进行机械码砌，堆砌面积覆盖出口斜坡段。要求大块石间用小块石填缝。块石粒径要求大于 30 cm。

2）钢筋笼加固法

钢筋笼坡脚加固适用于下游坡度较陡，堰塞体组成块石最大粒径小于 30 cm 的情况。

坡脚加固要求与泄流渠开挖同时进行，用人工辅助 1.0 m^3 反铲进行钢筋笼摆放、装石、码放等。钢筋笼分台阶摆放时要求上、下层钢筋笼错缝码放，并压住下层 1/3~1/2。钢筋笼尺寸一般为长×宽×高 = 2 m×1 m×1 m，钢筋笼主筋常用的有 $\phi18$、$\phi20$、$\phi22$、$\phi25$，分布筋常用的有 $\phi6.5$、$\phi8$、$\phi10$ 几种。分布筋间距为 15~20 cm。

3）钢丝网加固法

钢丝网加固法适用于土体最大石头粒径小于 10 cm 的土体。

钢丝网采用成品卷材，网眼为 3~5 cm。加固前用反铲将加固区修整齐，并做拍压处理，然后用彩条布蒙盖，再覆盖钢丝网，最后用带弯头的锚筋打入土中，弯头扣住钢丝网并嵌入土中。锚筋间排距为（1.0~1.5）m×（1.0~1.5）m。

2. 过流渠底加固

1）块石加固法

过流渠底块石加固长度为 1/2 渠长，在出口段进行，主要采用挖掘机铺设，块石最大粒径为 30 cm 以上，铺设厚度 2 m。有条件的用振动碾进行压实。

2）钢筋笼加固法

钢筋笼加固要求对下游 1/3 长渠底进行，钢筋笼铺设一层，错缝布置，钢筋笼码放由人工进行，填石采用反铲进行。钢筋笼加工同坡脚加固。

3）钢丝网加固法

渠底加固长度为 1/3 渠长，位置为出口段。钢丝网加固渠底需要用反铲或推土机进行平整、压实，然后铺设土工布或彩条布，再覆盖钢丝网，最后用弯头锚筋进行加固。加固施工方法同坡脚加固。

3. 其他应对措施

在“5·12”堰塞湖应急排险中，遇到的特殊情况采取的应对措施如下。

（1）在绵远河“小岗剑”堰塞湖排险过程中，因对外交通中断，所有设备、物资进场运输方式只能通过直升机运至清平乡，再通过水路运输至作业点。在大型设备无法运达的情况下，采取加强抛掷爆破，对左侧相对低洼的表面大块石实行解小爆破、裸露爆破和挖坑抛掷爆破，形成泄流沟渠。在爆破装药中使用了沉底放炸药、捆绑安炸药、人工挖坑埋炸药等多种装药方式，并根据堰体所处的环境及当地气候情况，同时也为设置药包方便，选用具有防水性能的乳化炸药，药包内装一段非电毫秒雷管，药包外全部用一段非电毫秒雷管连接，在距爆点 1500 m 的湖面用电雷管引爆的方法。

（2）在唐家山堰塞湖排险过程中，因对外交通中断，通过水陆都无法到达的情况下，施工人员、设备、材料及给养等选择空中运输，但米-26 直升机的最大吊运能力为 15 t，其他直升机运输能力均在 5 t 以下。天气状况对直升机起降影响很大，设备、油料、食品、物资等供应不及时会严重影响排险施工和人员安全。对靠空中运输作为后勤保障时，除密切关注天气有计划进行保障供给外，还要考虑利用人运、马驮，进行食品、物资的供应保障方式，作为特殊情况下空中补给不能到位时的备用补给方式。

思考题

1. 堰塞湖溃决的影响因素都有哪些？
2. 如何研判堰塞湖灾情？
3. 请简述堰塞湖应急监测与预测方法。
4. 堰塞湖应急排险处置程序是什么？
5. 堰塞湖应急排险处置措施是什么？

第六章　道路抢通技术

灾害发生后，经常出现道路交通中断的情况。为保证抢险救援各项工作展开所需的交通应急运输，必须对损毁道路实施快速抢通。道路抢通技术，不仅教授我们如何迅速恢复交通，更传递了坚守岗位、服务社会的责任感。在道路抢通中，每一次的迅速反应和精准操作，都直接关系到救援物资和人员的及时送达，关乎受灾地区人民的生命安全。因此，我们必须以高度的责任感和使命感，严谨细致地执行每一项抢通任务。这种对职责的坚守和对社会的服务精神，正是我们当代青年应有的担当。通过学习道路抢通技术，我们不仅要提升专业技能，更要培养一种对社会、对人民高度负责的态度，时刻准备为社会贡献自己的力量，确保在关键时刻能够迅速响应，保障人民群众的生命财产安全。

第一节　道路掩埋阻塞抢通

在道路抢通前，应对抢通环境进行评估，如风险过大时，应采取必要的安全防护措施，保证抢险人员和装备的安全。

在道路抢通时，应充分利用履带式挖掘机或推土机适应各种复杂地形的优势，多点平行作业，加快抢通速度，再辅以装载机、平地机对粗通路段进一步整修。

一、道路掩埋阻塞抢通概念

道路掩埋阻塞是指由于地震、泥石流、滑坡、崩塌、雪崩等灾害引起的，大量松散土石、雪或者泥堆积、汇聚于道路上，造成交通中断的状况，如图 6-1 所示。

二、道路掩埋阻塞抢通方法

（一）全部清除法

当阻塞物工程量不大且清挖后不会导致滑坍物进一步下滑时，可采用土石方工程机械全部清除。清挖常用机械为挖掘机、装载机、推土机、铲运机、挖掘装载机。清挖的阻塞物应就近弃堆。当掩埋阻塞路基下方有民居、河道或农田等不适宜就近弃土时，可采用挖掘机、装载机配合自卸车进行远运弃土。如果滑坍体清挖后会引起上边坡进一步垮塌时，应对上边坡采取防护措施，然后进行清挖整平，达到通车目的。

当半填半挖路基上边坡为稳固的石质边坡，且下边坡允许爆破飞石时，可采取抛掷爆破将阻塞物掷到路基下边坡一侧，配合机械清理，达到通车目的。

彩图 6-1

图 6-1　道路掩埋阻塞实景图

(二) 从阻塞物上通过

当阻塞物方量巨大且滑坍体清挖后会引起上边坡进一步垮塌时，应对上边坡进行加固处理，然后采取机械整平、路基表面处治等措施，使机械、车辆从阻塞物上通过，具体方法如下。

1. 部分挖填

按照阻塞物的材质，分为以下几种情况。

1）土方或不含大直径石块的石方掩埋阻塞

当阻塞物坡度小于 60°，长几百米至几千米时，采用“先打通重机路，后多点分段作业”的方法，用挖掘机挖出一条重机可通过的便道，1 台挖掘机和 1 台装载机或两台装载机为一组，在多个工作面同时作业。这样可以尽可能地发挥出每台设备的效能，缩短处理时间。

当阻塞物坡度大于 60°时，采用与上述同样的方法，应采用挖掘机打通重机路。由于坡度较陡，堆积的厚度也较大，采用挖掘机爬到离原路面 5 m 位置开挖，挖掘机工作臂尽量伸长，从远端向近端挖，每台挖掘机间隔距离不小于 10 m。当挖掘机清出重机路后，装载机可进行协助作业，向前推进。

重机路便道纵向坡度可达 30°～40°，而后可进一步削顶形成缓坡供其他轮式车辆通行的简易便道，纵向坡度可达 15°～20°，如图 6-2 所示。待大规模抢险救灾物资设施通过或者生命抢救的黄金时间过后，再考虑采用普通挖运方法清理阻塞物，恢复道路原有设计断面。

2）巨石阻塞

阻塞物方量巨大且含有较多大块岩石时，宜采用机械清理，同时沿崩塌体边缘进行回填，形成半挖半填便道。对须移走的大石块，采用两台以上挖掘机协同作业进行挖除；对于不能移除的大块孤石且不具备避绕条件时，应对其进行破碎处理；不具备破碎条件时，应对崩落巨石进行掩埋，在巨石前后填筑斜坡道路供抢险设备临时通行，如图 6-3 所示。

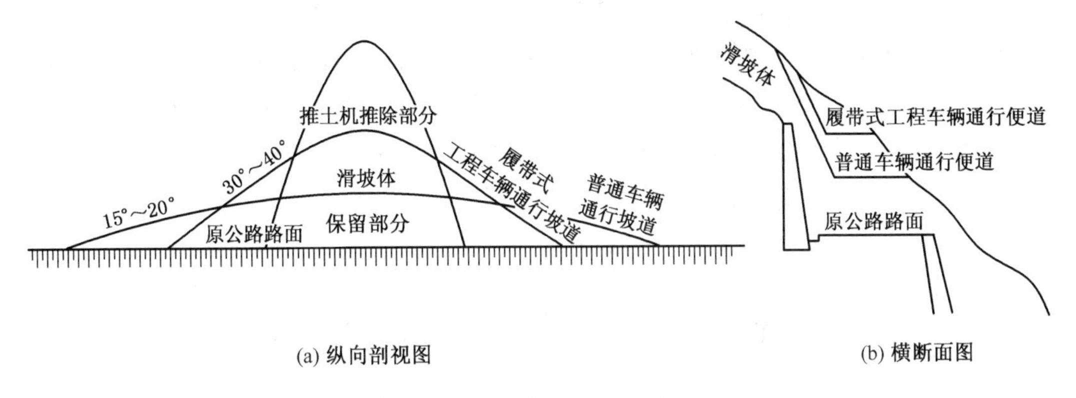

图 6-2 滑坡体及简易便道示意图

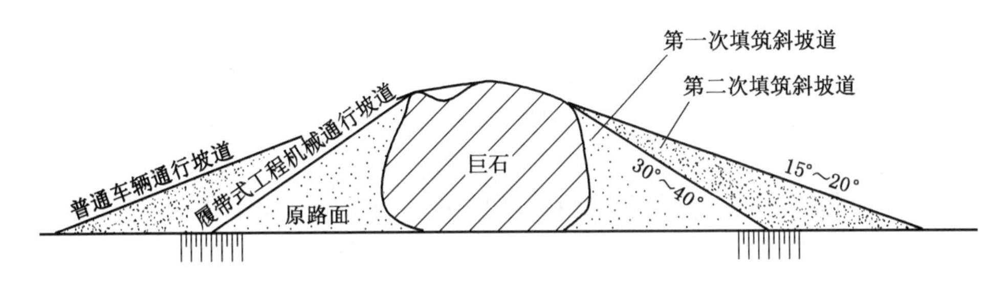

图 6-3 巨石前后填筑斜坡道示意图

3）雪崩掩埋阻塞

积雪是形成雪崩的物质基础。雪崩一般发生在高寒山区，具有突发性、区域性的特征。在山坡积雪超过 30 cm 的裸露坡面，当山坡坡度在 30°以上时，极易产生雪崩，并导致道路断通、森林破坏、河道堵塞、人员伤亡等灾害。

道路抢通前，对抢险路段进行调查，如雪崩有可能再次发生，应对其进行处理。一般采取人工引发雪崩的方法，采用炮击悬挂雪和积雪盆中较厚的雪层的方法，人为引起小型雪崩，以避免大雪崩的发生，提前消除道路抢通作业中的危险源。

危险源消除后，应首先使用装载机、推土机、挖掘机及自卸车等机械、车辆进行堆积雪的清理，先清理出可供单车通行的车道，随后再进行拓宽。待雪崩堆积主体清理结束后，采用推土机、平地机或除雪车等进一步清理。清理结束后可在路面上撒布融雪剂及防滑煤渣等，保证通行车辆安全。

2. 机械整平

当阻塞物方量巨大且较平缓时，应采用机械整平方法。整平机械可采用推土机、装载机、挖掘机、平地机组合使用，整平后选用现场机械对路基或车道进行碾压。

3. 路基表面处治

当路基进行挖填及整平后，若无法满足车辆通行要求，还应进行路基表面处治，以满足车辆通行要求，其处治措施如下。

（1）土方路基可采用泥结碎石、石灰稳定土、水泥稳定土等措施。

（2）石方路基可采用泥结碎石路面、混凝土表面处治、灌浆处理等措施。

（3）在大型泥石流抢通时，除采取以上措施外，还可采用抛石处理、换填石渣、泥石流体表面快速固化等措施。大型泥石流抢通时应保证泥石流体区域内排水通畅，可挖设排水沟，埋设圆管、波纹管回填以利排水。

（4）如整平后路基石块较大且嵌缝料较少时，应采用碎石或土壤进行填隙，并进行整平、碾压。

（5）就近取材，采用秸秆、树枝、煤渣、建筑垃圾等铺设在沉陷或泥泞路段，保证车辆顺利通行。

（6）采用木板、铁皮、钢板、路基箱、机械化路面等铺筑临时路面，达到使车辆顺利通行的目的。

第二节　涉水路段抢通

本节主要介绍有过水要求的路基抢通处理方案。当涉水路段较长时，在制式桥梁数量足够的前提下，优先采用桥梁进行跨越以达到快速通车的目的。

一、治水原则

以疏为主，疏堵结合。

二、抢通措施

涉水路段的抢通按水流流速、流水面高程不同，可采取的抢通措施包括疏导法、透水路堤法、桥梁法。

（一）疏导法

如图6-4所示，第一步，在坍塌缺口处设置简易导流坝，防止水流继续冲刷路基导致坍塌情况进一步恶化；第二步，在路基坍塌缺口处埋设圆管，利用袋装（砂砾）土进行回填压实；第三步，在回填土顶层满铺钢板（材料不足条件下也可选择束柴路面）提高通行能力。

简易导流坝应选择袋装（砂砾）土木笼围堰（或草木围堰）导流坝或者钢筋石笼导流坝。当水流流速较缓、对河岸或临时路基的冲刷作用较弱时，可不设置简易导流坝。

在安装圆管前应先利用袋装（砂砾）土对基础进行回填整平，整平可采用相对高差法进行测量。

（二）透水路堤法

如图6-5所示，直接采用条石、块石等大体积材料填筑透水路堤（包括新修透水路堤及在原路基上加铺透水路堤层），并在透水路堤两侧安装醒目标志。

(a) 埋设圆管

(b) 满铺钢板

图 6-4　疏导法实景图

彩图 6-4 和彩图 6-5

图 6-5　透水路堤法实景图

(三) 桥梁法

如图 6-6 所示，可通过架设桥梁抢通涉水路段，具体架设条件、方法及要求参考桥梁抢通相关教材，此处不再展开论述。

当路基坍塌段落较长时，视现场条件可将上述几种方法结合应用。

1. 直接采用透水路堤法进行抢通

如图 6-7 所示，直接在原路基上加铺一层透水路堤，其高程必须高于流水面高程。

2. 疏导法与透水路堤法混合应用

(1) 从过水断面与原路基断面接合部位开始填筑透水路堤 30 m。

(2) 采用疏导法埋设圆管涵。

(3) 重复填筑透水路堤及埋设圆管涵直至与原路基相连接。

彩图 6-6 和
彩图 6-7

图 6-6　桥梁法抢通被冲毁的高填方路基实景图

图 6-7　流水面高于原路基的涉水路段实景图

3. 透水路堤法与桥梁法混合应用

参考疏导法与透水路堤法混合应用，使用桥梁代替圆管涵。

三、防护措施

当被冲毁的路基边坡为高陡边坡时，在高边坡一侧应先施工防护措施，再参考以上方案进行抢通作业。可根据现场材料、机械等条件选择防护措施，主要有以下 3 项。

（1）采用速强混凝土浇筑挡土墙、护脚墙。

（2）采用浆砌片石砌筑挡土墙、护脚墙。

（3）打入木桩或钢管桩，间距 20 cm，再码砌片石或袋装土，或直接回填土石混合料，用小型平板夯夯实（机具不足条件下可采用挖掘机斗进行压实），形成简易桩板墙。

以上防护措施可根据现场需要施工多道防护线，每级边坡（10 m）设置一道防护线。

第三节　巨石危石破碎及松散堆积体爆破处理

在道路抢通过程中，往往会遇到巨石及其松散堆积体阻塞道路、边坡危石造成安全威胁等情况。本节专门对这种情况下的爆破处理进行介绍。

一、巨石处理

巨石阻断道路的情况如图 6-8 所示。针对此类情况，可采用天然巨石爆破法、大块岩石爆破法、非炸药安全破碎器破碎、静态破碎、机械破碎、单兵火炮打击等方法进行处理。

(a) 大块孤石阻塞道路

(b) 大量巨石阻塞道路

彩图 6-8

图 6-8　巨石阻塞道路实景图

（一）天然巨石爆破法

天然巨石爆破法适用于爆破未经破碎的天然巨石，其具体爆破方法及要求见表 6-1。

表 6-1　天然巨石爆破法及要求表

项目	裸露于地表的巨石	埋在土中的巨石	裸露爆破破碎巨石
示意图	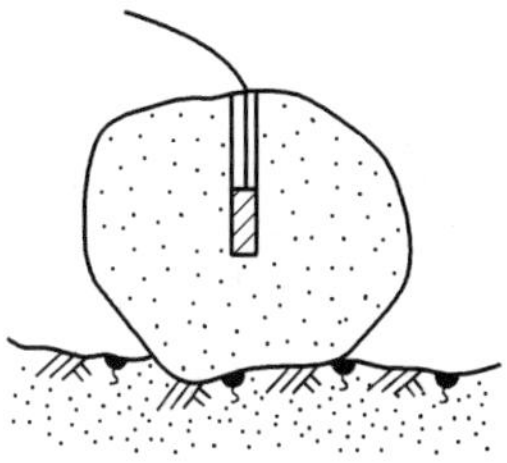	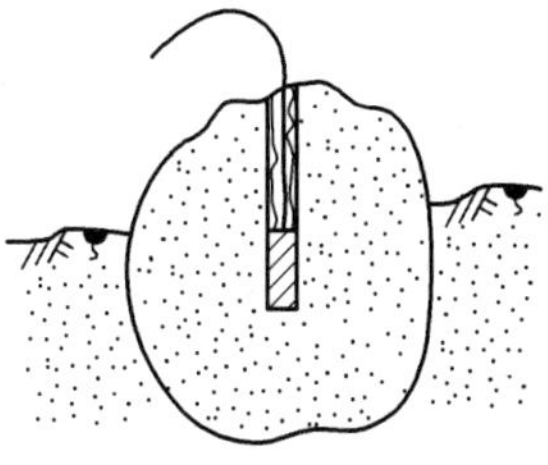	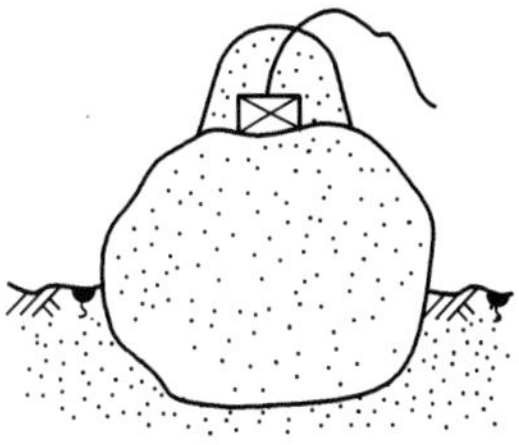

表 6-1（续）

<table>
<tr><th>项目</th><th colspan="3">裸露于地表的巨石</th><th colspan="2">埋在土中的巨石</th><th colspan="2">裸露爆破破碎巨石</th></tr>
<tr><td>爆破布置要求</td><td colspan="3">完全裸露于地表面的巨石，一般需要 0.1 kg/m³ 的装药量。在同一块巨石上有几个炮孔时，应使用即发爆破，炮口应适当填塞。在邻近建筑物并不太远的情况下，装药量可从 0.1 kg/m³ 减至 0.08 kg/m³ 左右</td><td colspan="2">被全部或部分埋入土中的巨石，相比完全裸露于地面上的巨石，往往较难破碎。对被完全埋入土中的巨石，装药量要增加到 0.2 kg/m³，炮孔深度增加到 0.6 倍巨石厚度</td><td colspan="2">裸露爆破的药包应与巨石表面接触良好，其外面还必须用湿泥或土砂等材料覆盖、封涂，覆盖层高度应大于药包高度，并妥善放置炸药，固定好导火索的雷管装置。在近城镇或建筑区，裸露爆破不适用</td></tr>
<tr><td rowspan="8">巨石爆破孔装药量</td><td rowspan="5">裸露巨石</td><td>巨石尺寸/m³</td><td>厚度/m</td><td colspan="2">炮孔深度/m</td><td>炮孔个数/个</td><td>装药量/(kg · 孔⁻¹)</td></tr>
<tr><td>0.5</td><td>0.8</td><td colspan="2">0.44</td><td>1</td><td>0.05</td></tr>
<tr><td>1</td><td>1</td><td colspan="2">0.55</td><td>1</td><td>0.10</td></tr>
<tr><td>2.0</td><td>1.0</td><td colspan="2">0.55</td><td>2</td><td>0.10</td></tr>
<tr><td>3.0</td><td>1.5</td><td colspan="2">0.87</td><td>2</td><td>0.15</td></tr>
<tr><td rowspan="3">埋入土中巨石</td><td>巨石尺寸/m³</td><td>厚度/m</td><td>被埋深度/m</td><td>炮孔深度/m</td><td>炮孔个数/个</td><td>装药量/(kg · 孔⁻¹)</td></tr>
<tr><td>1.0</td><td>1.0</td><td>0.5</td><td>0.6</td><td>1</td><td>0.15</td></tr>
<tr><td>1.0</td><td>1.0</td><td>1.0</td><td>0.6</td><td>1</td><td>0.20</td></tr>
</table>

注：估算装药量时，对巨石被埋入土中的程度必须予以考虑，表列参数可供参考。对于埋在土中的巨石，也可把炸药放在巨石底下，把巨石下面土中挖出的药室用 1/4~1/2 炸药包加以扩大，则能使装药工作更为方便。

（二）大块岩石爆破法

大块岩石爆破是指对爆破产生的过大石块，进行再次破碎的爆破，所以又称为“二次破碎”。当巨石体积较大，一次爆破未完全破碎时，可以采用大块岩石爆破法进行破碎，其具体方法及要求见表 6-2。

表 6-2　大块岩石爆破法及要求表

项目	裸露爆破法	炮孔装药法
示意图	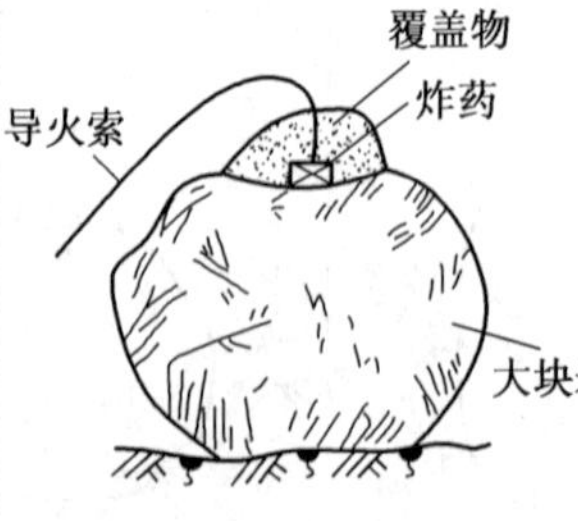 覆盖物 炸药 导火索 大块岩石	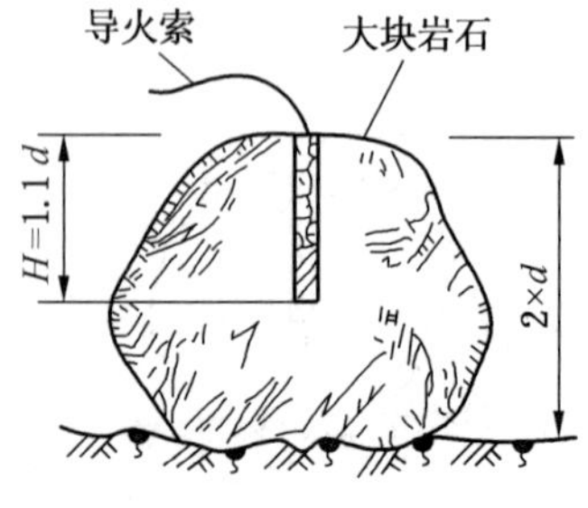 导火索 大块岩石 $H=1.1d$ $2\times d$

表 6-2（续）

<table>
<tr><th>项目</th><th>裸露爆破法</th><th colspan="5">炮孔装药法</th></tr>
<tr><td>方法与特点</td><td>即表面爆破法，通常警戒半径至少在 400 m。实践表明，在这种爆破 1 km 远处也会由于空气冲击波的压力产生不良影响，因此接近城镇或建筑物场合不宜采用</td><td colspan="5">亦称装药爆破法，采用比较广泛，但炮孔深度、位置要适应大块岩石形状。当石块很大时，可能要钻几个炮孔，以便均匀分配装药量进行起爆</td></tr>
<tr><td rowspan="7">裸露爆破药包及炮孔爆破装药量</td><td rowspan="7">裸露药包用药量一般为炮孔法的 4~5 倍，有时甚至更多。圆形大块岩石、较大而薄的大块岩石更难破碎，按简单经验法，耗药量可达 1.0 kg/m^3。
药包应放在石块凹处或裂隙处，并应事先清除岩石表面的土、砂、杂物等，药包放置后覆盖厚度要大于药包高度，并不得用坚硬卵石等覆盖，以防飞石过远，发生意外。
只有在干燥天气才可使用散装硝铵炸药，带导线的雷管应牢固地装在药包中间</td><td colspan="5">爆破大块岩石的炮孔装药量</td></tr>
<tr><td>大块岩石尺寸/m^3</td><td>0.5</td><td>1.0</td><td>2.0</td><td>3.0</td></tr>
<tr><td>厚度/m</td><td>0.8</td><td>1.0</td><td>1.0</td><td>1.5</td></tr>
<tr><td>炮孔深度/m</td><td>0.44</td><td>0.55</td><td>0.55</td><td>0.83</td></tr>
<tr><td>炮孔数目/个</td><td>1</td><td>1</td><td>2</td><td>2</td></tr>
<tr><td>装药量/(kg · 孔$^{-1}$)</td><td>0.03</td><td>0.06</td><td>0.06</td><td>0.09</td></tr>
<tr><td colspan="5">装药量应与爆破地点相适应，表中所列的为不允许产生飞石的大块岩石爆破数据。耗药量按 0.06 kg/m^3 计，炮孔深度为 1.1×厚度之半 = 1.1d</td></tr>
</table>

（三）非炸药岩石安全破碎器法

非炸药岩石安全破碎器是一种安全而独特的不依靠传统炸药或雷管的大块固体分离破碎工具，能够快速安全地对岩石、钢筋混凝土等进行分离破碎，有外形小巧、性价比突出、便于携带、操作简单、快速高效、使用安全、非爆炸原理、无须审批、不污染环境、可用于水下清障作业等诸多优点，能够在应急抢通中发挥独特的作用。其操作步骤如图 6-9 所示。

(a) 在岩石上钻孔

(b) 在孔中注满水

(c) 将引爆装置的底座放到钻孔中

(d) 将防护垫覆盖在底座上，将冲击波管放入底座中

(e) 将引爆装置和底座拧在一起

(f) 将引爆拉绳连接好

(g) 退后到安全距离以外

(h) 碎石原理示意图

(i) 石头被分离破碎

彩图 6-9

图 6-9　非炸药岩石安全破碎器破碎巨石操作步骤图

(四) 静态破碎技术法

静态破碎又叫无声破碎或无震破碎，属于化学物理破碎法范畴。这种破碎法是在被破碎体（岩石或混凝土）上钻孔，将经过水处理的非爆炸性破碎剂填入孔中静置，随着水化反应的进行，膨胀与硬化同时发生，产生膨胀压力、对孔壁施压，使被破碎体开裂、破

碎。从充填破碎剂到被破碎体开裂所需的时间，取决于破碎剂的性能，被破碎体的性质、温度和约束状况，以及钻孔参数，需 0.5~24 h。由于它所用的药剂化学反应慢、体积变化小，被破碎体破裂过程进行得平静且无声响，因此不产生震动、噪声、飞石和粉尘，又由于化学反应过程中不产生有害气体，因而是一种安全、无污染的破碎方法，在应急抢通中适用于边坡不稳定地段、人口聚居地及其他不适宜采用传统爆破工艺的情况。静态破碎相比炸药爆破有几个优点：低压、慢速、无公害、施工简便、安全可靠。

1. 破碎机理

岩石的特点是抗压强度高、抗拉强度低、极限拉应变小，其抗压强度一般为 100~120 MPa，而抗拉强度只有 5~10 MPa。静态破碎法就是利用脆性物体抗拉强度低、极限拉应变小这一特点，利用充填于钻孔中的破碎剂在水化过程中产生的膨胀力，使它们破碎。

破碎剂用适量水拌和后，随着化学反应的进行发生膨胀，体积可增大到原体积的 3~4 倍。破碎剂的这种体积膨胀，如果不受约束，当膨胀结束时能量便完全消失。但在钻孔中，破碎剂的膨胀受到孔壁的约束，积聚的能量产生膨胀压力，作用于孔壁，使被破碎体破裂。

2. 破碎剂种类及性能

静态破碎剂按性能分为普通型和速效型两类。普通型破碎剂从充填到被破碎体破碎需 12~24 h，而速效型破碎剂可将此时间缩短至 1 h 以内，应急抢通中应优先选用速效型静态破碎剂。表 6-3、表 6-4 分别列举了日产普通型和速效型静态破碎剂生产厂家及适用范围。

表 6-3　静态破碎剂（普通型）制品一览表

形状	商品名称	适用孔径/mm	使用水的温度范围/℃	使用方法	龟裂发生的标准时间/h
粉状	S-买特 （住友水泥）	30~40 55~65	≤20	将粉状制剂加水搅拌后灌入孔内充填（混合搅拌后 5 min 内充填）	12~24
	布莱斯塔 （小野田）	38~50 50~80	≤30 ≤15 ≤10 ≤5		
	劈裂剂 （吉泽石灰）	34~48 50~60	≤25	将粉状制剂用水混合搅拌注入孔中堵塞（混合搅拌后 10 min 内充填）	
	静态买特 （日本水泥 日本油脂）	30~50 50~70	≤25 ≤20 ≤10 ≤5		
	开米阿库斯 （电气化学）	30~50 50~80	≤30 ≤25 ≤15		

表 6-3（续）

形状	商品名称	适用孔径/mm	使用水的温度范围/℃	使用方法	龟裂发生的标准时间/h
剂包状	布莱斯塔堵塞（小野田）	38~46	≤30 ≤15 ≤10 ≤5	药包浸水塞入孔中	12~24
	静态买特胶囊（日本水泥日本油脂）	34~40	≤25 ≤20 ≤10 ≤5		
	S-买特胶囊（住友水泥）	38~42	≤20		

表 6-4　静态破碎剂（速效型）制品一览表

形状	商品名称（制造商）	适用孔径/mm	使用水的温度范围/℃	使用方法	龟裂发生的标准时间/min
颗粒状	超强布莱斯塔 1000（小野田）	42~67	5~25	孔内灌水，然后使用粗细均匀的棒，直接将颗粒塞入孔中	30~60
剂包状	超强 S-买特（住友水泥）	38~42	≤20	剂包浸水后塞入孔内	30~60
	超强劈裂剂（吉泽石灰）	40~65 40~65 40~50	≤25	剂包浸水后塞入孔内	
	超静买特 30（日本水泥日本油脂）	38~42	≤30 ≤20	剂包浸水后塞入孔内	30~120
	高效阿斯塔库（旭化成）	38~42	10~40 10~40 0~30	剂包浸水，用机械打入孔内填塞	10~30

国产高效无声破碎剂具体参数见表 6-5。

表 6-5　国产高效无声破碎剂（HSCA）产品一览表

破碎剂型号	使用温度范围/℃	使用孔径/mm
HSCA-1	25~40（夏型）	30~50
HSCA-2	10~25（春秋型）	30~50
HSCA-3	-5~10（冬型）	30~50

注：HSCA 用塑料袋包装，每袋 5 kg，外用防潮厚纸箱包装，每箱 4 袋，净重 20 kg。HSCA 贮存在干燥场所，有效期一年。

表 6-6 列出了不同硬度的孤石进行静态破碎的网孔参数及单耗，在抢通过程中应视破碎对象硬度采用不同参数。

表 6-6　静态胀裂剂网孔参数与单耗表

破碎对象		孔径/mm	孔距/cm	孔深/cm	单耗/($g \cdot m^{-3}$)
孤石	软石	30~42	50~60	0.7~0.75H	3~5
	中硬石	30~42	40~50	0.75~0.9H	4~6
	硬石	39~50	30~40	0.9~0.95H	5~7

注：H—被破碎物体的高度。

3. 操作步骤

静态破碎操作分为钻孔、拌和破碎剂、装填、等待岩石破碎等步骤，如图 6-10 所示。

4. 注意事项

（1）填孔之前，必须将孔清理干净，不得有水和杂物。

（2）钻孔孔径应严格按照破碎剂型号进行选择，避免破碎剂喷出现象。

（3）人工拌和时应戴上胶皮手套，控制浆体的流动度在 170~190 mm。拌制好的浆体，要在 10 min 内使用完毕。

（4）在装填孔时，作业人员必须戴防护眼镜，灌浆后到裂纹发生前不得对孔直视，以防浆体喷出时伤害眼睛。

（5）操作过程中应注意选用与环境温度相适应的静态破碎剂及合适的破碎方法，严格控制水灰比，防止静态破碎剂失效或碎裂时间过长。

（五）机械破碎法

应急抢通中在机械可到达的地点可采用机械破碎巨石的方法，具体破碎巨石的机械种类及使用方法如下。

1. 大型镐头机

可采用专用的大型镐头机，也可采用挖掘机将铲斗更换为液压锤进行破碎作业。

2. 液压劈裂机

液压劈裂机是根据岩石脆硬性特点，利用楔块原理设计的，在最狭窄的孔中向外能够释放出极大的分裂力的一种岩石开凿机具。其具体操作过程如下：在被分裂的物体上钻一

(a) 钻孔　(b) 破碎剂与水拌

(c) 装填破碎剂　(d) 岩石碎裂

图 6-10　巨石静态破碎操作步骤图

彩图 6-10

个特定直径和深度的孔，将液压劈裂机的楔块组（一个中间楔块和两个反向楔块）插入孔中，中间楔块通过液压压力的作用在两个反向楔块之间向前运动，由内向外释放出极大的能量，将被分裂的物体在几秒钟之内按预定方向裂开。如图 6-11 所示。

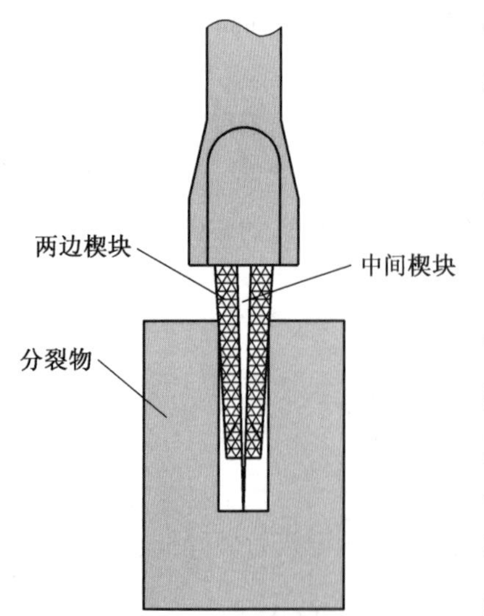

图 6-11　液压劈裂机工作原理图

液压劈裂机利用液压油不可压缩及可流动性的物理特性，加以静态推力，实现静态可控性的工作，因此无须采取复杂的安全措施，不会像爆破和其他冲击性拆除、凿岩设备那样，产生安全隐患。液压劈裂机的人性化使用设计，具有体积小、重量轻、结构紧凑等特点，确保了其使用方法简单易学，仅需单人操作，在狭窄场地也可十分方便地进行拆除分裂，同时还可以在水下作业。

（六）单兵火炮打击

巨石破碎可采用军队现有可对岩石进行破碎的轻型武器，如采用便携式单兵火箭筒发射炮弹破碎岩石。当巨石所处位置机械难以到达、人工钻孔困难的情况下可采用此方法处理巨石。

二、危石处理

山区道路的应急抢通中往往伴随着各种安全隐患，地震诱发山体崩塌、滑坡最为常见，此外还伴随着山体崩塌不完全留有危岩体、边坡残留有悬石、崩塌区形成不同程度的裂缝等安全隐患，如图 6-12 所示。

(a) 边坡危岩体

(b) 边坡悬石

彩图 6-12

图 6-12　边坡危石实景图

这些安全隐患如不及时排除，势必对道路抢通人员和装备以及交通应急运输车辆造成严重威胁。对危岩体的处理有多种技术措施，如打抗滑桩、喷锚支护、砌体支撑、钢丝网固定、爆破处理等。由于受地质条件、地形地貌特征、道路抢通时间、应急交通运输等因素的制约，在道路抢通初期一般选择具备施工灵活、受自然条件约束较少、处理彻底等优点的爆破法对危岩进行处理。其需要注意的问题及技术方案如下。

（一）危岩爆破法需要考虑的问题

危岩爆破的目的是从根本上清除危险源，使边坡安全、稳定，在选择爆破法时要考虑以下几个因素。

1. 爆破成本

因为发生地质灾害的区域，一般交通都不方便，大型钻孔和清渣设备用不上，只能使用小型设备，因此爆破成本与一般爆破相比较高。

2. 抢通时间

生命救援的黄金时间是 72 h，道路抢通一般应在该时间段内完成。道路抢通时间越长，对灾区抢险救援工作的影响就越大，人员伤亡、财产损失就越大，因此危岩爆破处理的时间越短越好。

3. 作业安全

危岩爆破处理，安全是重中之重，要防止爆破产生的飞石、滚石等安全问题，特别是要防止在施工过程中产生二次崩塌造成人员伤亡事故。因此，所采用的爆破施工技术方案必须经过科学论证。

4. 爆碴清理

由于多次爆破相对于一次爆破需要清理更多的爆碴，直接影响抢险进度和危险程度，所以应尽量避免使用多次爆破。

5. 爆破形成新的不稳定体

爆破可能破坏母岩的稳定性，从而形成新的危岩体，因此爆破的规模及处理的区域必须进行有效控制。

（二）危岩爆破技术措施

对于应急抢通中的危石爆破处理，一般可采用裸露爆破、浅孔爆破、深孔爆破三种爆破技术方案。具体技术方案的拟制应根据处理区域的地形地貌、周围环境、危岩体的形成原因和现状、交通条件、所能采用的机械设备等因素而定。

1. 裸露爆破

当危岩体主要为悬石或体积不大且有多条裂缝的孤石时，不能进行钻孔爆破，因为凿岩机钻孔时产生的机械振动或施工人员的重力荷载都极有可能造成危岩体垮塌，这时可采用裸露爆破技术处理。裸露爆破技术操作简单，时间短，成本低，是目前处理边坡悬石和孤石的主要技术措施。裸露爆破具体有以下 3 种爆破方法。

1）药包直接接触危岩体爆破

施爆人员在确保安全的前提下，可以借助安全绳、竹竿、木棍等器具把已加工好的药包直接放在危岩体的表面（药包表面要有封泥）或把药包送到裂缝内（裂缝宽度大于 15 cm时），使炸药能量直接作用于危岩体致其破碎并垮塌。

2）危岩体支撑部分爆破

在很多情况下，危岩体未垮塌或垮塌不完全，其主要原因就是底部有支撑岩体，这时把裸露药包敷设在支撑体表面，通过破坏支撑体从而使危岩体失稳垮塌。

3）借助爆破震动效应

当危岩体不大而通过种种努力又不能在其上面直接安设裸露药包时，可以在离危岩体最近处的硬质岩体上安放裸露药包，通过裸露药包爆破时产生的震动效应作用于危岩体使其垮塌。

2. 浅孔爆破

地质灾害造成边坡岩体拉伸、错位，从而在垮塌面形成多条横向或纵向裂缝，形成危岩体，在雨水侵蚀、工程活动或余震等因素影响下，有可能造成新的危害。在这种情况下，通常采用浅孔爆破技术自上而下把边坡修成台阶状或缓坡状。

钻孔时，应按照技术设计的坡顶线从稳定的母岩上施作。钻孔机械可采用手动凿岩机或小功率的风动凿岩机。采用浅孔爆破处理地质灾害一般不能一次爆破到位，需经过多个钻孔、爆破、清渣、修边循环作业，应精心组织，各工序紧密衔接。

3. 深孔爆破

当危岩体工程量巨大，垂直高度在7～15 m、水平宽度在3～10 m（过高或过宽会影响抛掷效果），临空面较好，没有裂缝或裂缝发展缓慢时，只需卸载就可以确保边坡稳定。如经过观察，危岩体在短期内不会崩塌且简易潜孔钻机可运送到工作面，这时可采用深孔爆破技术一次性处理危岩体，其优点是一次爆破至设计台阶面，减少作业循环次数，有利于抢险组织和安全管理。在深孔爆破的实际操作中要注意四个方面的问题。

（1）必须根据危岩体的最大处理高度、水平厚度和钻孔面的自然坡面角度合理设计台阶高度，并据此确定每排孔中每个孔的钻孔深度，设计爆破后形成的坡面为阶梯状。

（2）按抛掷爆破合理设计网孔参数和确定单耗，确保95%以上的爆碴抛掷或垮落，因为爆破后如大量爆碴残留在工作面，人工清渣的工作量很大，增加了清渣的困难性和危险性。

（3）对最后排孔采用预裂爆破，因为深孔爆破的总装药量大，产生的爆破震动大，必须确保爆破后边坡的整体稳定性，不能在爆破后形成新的危岩体。

（4）在深孔爆破后，边坡面上可能存在悬石或松散岩体，在确认边坡整体稳定后，要立即组织人工自上而下清理危岩体。

三、松散堆积体爆破

当道路因自然灾害、战争等突发事件被掩埋时，一般情况下掩埋体组成物质比较松散破碎，实施爆破清障具有成孔难、不易形成爆轰作用等特点，同时考虑到堆积体周围地质地貌受地震作用已遭破坏，为了减小爆破冲击波的影响，减少对周边山体及边坡的扰动，需采用微震爆破方案。

（一）松散介质的分类

由未经胶结的漂石、块石、卵石、碎石、砂和泥土等组成的堆积体，称为松散介质。其具体参数见表6-7和表6-8。

表6-7　碎石土及参数表

<table>
<tr><th>土的名称</th><th>颗粒形状</th><th>颗粒级配</th></tr>
<tr><td>漂石</td><td>以圆形及亚圆形为主</td><td rowspan="2">粒径大于200 mm的颗粒，质量超过总质量的50%</td></tr>
<tr><td>块石</td><td>以棱角形为主</td></tr>
<tr><td>卵石</td><td>以圆形及亚圆形为主</td><td rowspan="2">粒径大于20 mm的颗粒，质量超过总质量的50%</td></tr>
<tr><td>碎石</td><td>以棱角形为主</td></tr>
</table>

表 6-8　碎石土密实度野外鉴别表

密实度	骨架颗粒含量和排列	钻孔坍塌情况	挖掘塌落情况
松散	骨架颗粒质量小于总质量的60%，排列混乱，大部分不接触	钻进较易，钻杆稍有跳动，孔壁易坍塌	锹镐可以挖掘，井壁易坍塌，从井壁取出大颗粒后，立即塌落
中密	骨架颗粒质量为总质量的60%～70%，呈交错排列，大部分接触	钻进较困难，钻杆、吊锤跳动不剧烈，孔壁有坍塌现象	锹镐可以挖掘，井壁有掉块现象，从井壁取出大颗粒处，能保持凹面形状

（二）松散介质中成孔工艺

在这种松散破碎堆积体中成孔是爆破的基础，传统的凿岩机成孔工艺和方法有局限性。根据堆积体组成的不同，应采用以下几种成孔工艺和方法。

1. 振动成孔

振动成孔工艺适用于由松散小粒径且颗粒级配良好的卵石、碎石和砂、土组成的松散堆积体。该工艺原理是利用振动机械的强迫振动，激发松散颗粒发生共振，从而使其发生局部破坏，并利用振动装置产生的垂直定向振动及其自重对护壁套管加压使套管沉下去，达到成孔的目的。在振动机械上，选用 WZJ 小型振动沉管机，如图 6-13 所示，其孔径可在 60～110 mm，孔深 12 m 以内，具有成孔速度快、方便灵活等特点。

图 6-13　WZJ 小型振动沉管机

2. 冲击成孔

对于卵砾石含量较高、粒径较大的松散或中密堆积体，采用冲击成孔的工艺和技术。该工艺利用潜孔锤在套管上部的冲击和钻机自身对套管的静压，将护壁套管下入孔内，从而达到成孔的目的。根据具体的地质情况和孔径大小，选取小型轻便钻机和 FC 系列潜孔锤。

3. 凿岩成孔

对于堆积体中存在的粒径很大的块石，可以采用凿岩成孔工艺。该工艺选用 YT28 型气腿凿岩机，如图 6-14 所示，它以高压空气为动力，具有进尺速度快、效率高、重量轻、成孔效果好等特点，且操作简单、使用方便。

（三）微震爆破控制技术

为减小爆破对周围环境的震动影响，避免因扰动而带来次生灾害，控制爆破震动速度，可采取以下方法。

1. 最大分段装药量

图 6-14　YT28 型气腿凿岩机

最大分段装药量按萨道夫斯基经验公式进行计算，见式（6-1）：

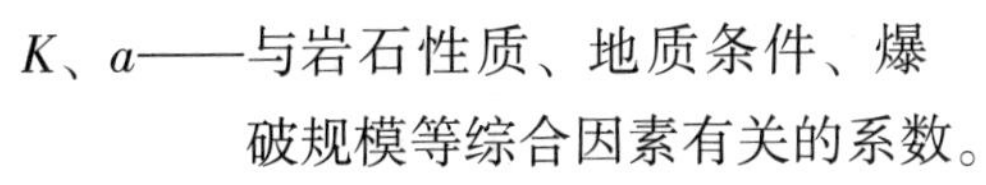

$$Q = R^3\left(\frac{V}{K}\right)^{3/a} \qquad (6-1)$$

式中　Q——最大一段装药量，kg；

R——爆心距，m；

V——爆破安全震动速度值（微震爆破一般取 $V<3$ cm/s）；

K、a——与岩石性质、地质条件、爆破规模等综合因素有关的系数。

一般情况下，介质系数和震动衰减系数 K、a 的值应由现场爆破试验确定。如果没有相关的 K、a 的试验值，其取值按《爆破安全规程》（GB 6722—2014/XG1—2016）中的建议值选取。

2. 降低爆破震动措施

（1）采用分部、分台阶开挖、多次装药的爆破技术，限制一次爆破的炸药用量，从而降低爆破震动速度。

（2）采用能最大程度减震的掏槽眼布置形式，使掏槽区尽量靠近爆破区底部，以增大掏槽爆破时爆源至地表的距离，减轻掏槽爆破对周围环境的震动影响。

（3）采用非电毫秒或数码雷管起爆，严格控制单段起爆的最大药量，避免产生震动叠加现象。必要时在炮孔内采用间隔装药的方法，中间用砂土或炮泥隔开，实行毫秒延时爆破。

（4）在炮孔底设置一定高度的柔性垫层，如锯末、泡沫塑料、空气间隔等材料，利用其可压缩性及对空气冲击波的阻滞作用，以减小爆炸对孔底以下岩石的冲击破坏作用。

（四）松散堆积体爆破注意事项

（1）在交通完全中断、时间非常紧迫的情况下，无论是块石堆积体还是土质堆积体，都可以采用爆破的方法清除其堆积物，以达到快速抢通的目的。

（2）在块石堆积体中进行裸露接触药包设置时，能掏坑要尽量掏坑，即使是一个很小的坑，其效果都将大大改善。

（3）在块石堆积体中进行裸露接触爆破时，应当对药包进行覆盖，其爆破效果会更好。

（4）为了保证爆破效果和爆破网路本身的安全，同一网路不能分段。但如果药量太大，则必须分多次起爆。

第四节　沙害冰雪灾害中的道路抢通

沙害及冰雪灾害的发生具有地域性、持续性、范围性等特点，灾害发生后导致交通完全中断或承运能力大大下降，危害人民群众生命财产安全。现介绍这两种灾害发生后的道路抢通措施。

一、沙害中的道路抢通

沙漠地区风沙对公路的危害有两种，即路基风蚀和沙埋。风蚀侵蚀路基较为缓慢，在应急抢通中不予考虑。沙埋即风沙掩埋道路，如图 6-15 所示。按积沙形式，可分为片状积沙、舌状积沙、堆状积沙 3 种类型。片状积沙的特点是积沙面积大、范围广，积沙成片相连；舌状沙害的掩埋地段不长，为数米至十几米；堆状积沙的成因是主风上风侧的立式阻沙栅栏已被毁坏或被流沙埋没，因此其外的新月形沙丘或新月形沙丘链，前移到立式阻沙栅栏位置后，不是以风沙流形成通过，而仍是以沙丘移动方式通过，并逐渐移到公路。

图 6-15　道路沙埋实景图

沙埋路段的应急抢通分为机械清沙、铺设机械化路面、工程防沙 3 种方法。

（一）机械清沙

机械清沙适用于积沙量大的堆状积沙，可采用的机械及清沙方法如下。

1. 沙漠公路清沙车清沙

沙漠公路清沙车的主要性能如下：连续工作时每小时清除积沙能力超过 100 t；在沙漠公路上非作业平均行驶速度为每小时 50 km；推沙铲下部装有两组刀片，其特殊结构可使清沙车在最热的天气里进行作业，保证对路面无任何伤害；清沙车设有一套风力清沙装置，该装置能将路面残沙吹净，也可用来清扫路面。

2. 推土机清沙

推土机可将路面积沙推至公路下风侧 50~60 m 外摊平，同时修筑公路两侧 30~60 m 范围平整带。优点是清沙质量高，效果好，保持时间长，速度快，能及时保证公路畅通。缺点是履带式推土机会对路面造成破坏，不适宜上路行驶和作业，而且行进速度慢，不适宜远距离调动。

3. 装载机清沙

装载机可将路上积沙运至路基两侧 10~20 m 外摊平，优点是灵活、方便、效率高，能及时保障公路畅通，占用辅助工作时间短。缺点是清运范围较小，不适宜下路作业，特别是沙丘前移埋压公路时清沙效果较差，易造成“二次积沙”。

4. 平地机清沙

当埋沙厚度较薄时，宜采用平地机沿线进行清理，当埋沙厚度较厚时，可采用多台平地机梯队式作业，直至清理出原路面为止。选用平地机时，优先选用沙漠型平地机。如徐工集团生产的 GR180H 高原沙漠型平地机，采用高原沙漠型柴油机、优化冷却系统，具有低温启动能力，具备风沙防护技术，特别适合各种地域内沙埋地段抢通作业。

（二）铺设机械化路面

采用机械化路面作为应急救援车辆的临时道路。铺筑机械化路面时，要做好防护带设置，保证应急路面不被流沙掩埋，当使用轻质可卷式路面后，应做好其固定措施，防止大风导致路面移动。此方法适用于埋沙层较厚，机械清理较为困难，且起伏不大的沙害路段。

（三）工程防沙

在应急抢通中，为保证机械清沙成果，应在机械清沙后进一步防沙。

1. 化学固化剂固沙

可以用于公路沙害防治的新材料有土壤凝结剂、土工编织袋等。土壤凝结剂的使用方法有两种，一种是用凝结剂全面封固沙面，另一种是先将沙子堆成沙埂，再喷洒化学固化剂形成沙障。

固化剂固沙的方法是用刮耙把沙子筑成方格，再喷洒固化剂，筑成沙子方格沙障，垄底宽 30 cm，高 15~20 cm，格为 1. 0 m×1. 0 m，垄上喷洒 30% 浓度土壤凝结剂，结皮厚度 1. 5~2 mm，设置于迎风坡。其固沙效果不亚于任何一种方格沙障，而且原材料丰富，优点十分明显。同时，公路沙害的发生有明显的季节性和爆发性，沙尘和大风的连续出现会给公路带来很大的危害，为了避免连续积沙，最好的办法就是迅速控制沙源，但由于受人力物力等条件的限制，大量调用修筑沙障使用的原材料很困难，这时候使用固化剂喷洒沙面可以立即见效，而且固化剂用量少，不需要用大型机械，施工方便，是一个比较理想的应急方法。

2. 袋装沙障防止公路被再次沙埋

沙袋沙障在公路沙害防治中有比较理想的效果，例如，在内蒙古自治区的库布其沙漠穿沙公路 K90 处布设了沙袋沙障，沙袋为防老化袋，规格有 100 g/m^2（指袋的质量）和 150 g/m^2 两类，其中，100 g/m^2 有 10 cm×210 cm（粗×长）、15 cm×210 cm、20 cm×210 cm 3 种。使用方法是将袋中装上沙子，分别摆成 100 cm×100 cm、200 cm×200 cm 规格的方格，将 100 cm×40 cm 的粗袋装满沙子立起摆放或者躺倒叠放，就做成了高立式沙障（叠放时按 60%~70% 装沙，摆 3 层，高度约为 100 cm），这种沙障的特点是见效快，原材料丰富，设置技术简单。本方法在应急抢通中机械、人工充足的情况下非常适用。

3. 土工方格沙障在沙害应急抢通中的应用

土工方格沙障抗环境不利因素的能力强，可重复使用，而且安装方便、见效速度快，适合在逼近公路的沙丘上使用，并与其他应急抢通手段结合使用。

4. 土工尼龙网覆盖

土工尼龙网覆盖设置于防护体系中部或公路边坡，铺设方便、见效速度快，适合快速短期防止公路沙害。铺设土工尼龙网过程中应做好相应的固定措施，防止大风将其吹走。

二、冰雪灾害中的道路抢通

冰、雪导致道路断通的情况一般由冻雨或雪灾引起，如图 6-16 所示。在应急抢通中一般采用机械清理、化学法清理或人工清理。

(a) 结冰导致道路断通

(b) 积雪导致道路断通

图 6-16　冰雪灾害导致的道路断通实况图

（一）机械清理

机械清理冰雪是通过机械装置对道路积冰和压实雪直接作用，去除冰雪危害的一种方法。清除方式有很多种，可采用推土机、平地机、小型除雪车、装载机、推雪机、装雪机、融雪车、冰层处理车、雪帽处理车、扫雪车、压雪车、手扶式除雪车，适用于积雪路段长、人工除雪不能满足要求的情况。

1. 不同情况下冰雪覆盖道路处理方法及采用的机械

1）除浮雪设备（快速除雪设备）

除浮雪通常采用在卡车底盘上安装除雪铲的方法，主要用于清除未经压实的浮雪，作业速度一般在 60～90 km/h，适用于大面积除雪作业，清理效率高，但不适宜清理厚重积雪。除一般浮雪也可采用推土机、除雪车、平地机、装载机等机械。

2）除压实雪设备

在应急抢通中，主要采用平地机、除雪犁等清除已经被压实的道路积雪。平地机除雪适用于道路平缓的地区，主要用于压实雪的破碎及清理。履带式除雪犁可应用于地形起伏较大的路段。

3）除厚雪设备

除厚雪设备通常是在装载机上加装推雪铲和轮式推土机，主要用于清除较厚的积雪。

常见的除厚雪设备还有抛雪器、雪犁等。

4）吹雪设备

吹雪设备是利用高压气流将积雪吹向一侧的设备，常用的有吹雪机（又称抛掷式除雪机）、除雪车等设备。

5）扫雪设备

扫雪设备主要利用滚刷或刮板刷将积雪清除，主要用于较薄积雪的清理。

2. 除雪机械种类及使用方法

1）推土机除雪

在雪灾发生后，使用推土机可进行各种路段的除雪作业。推土机除雪作业时可多台并列作业，提高除雪效率。如用推土机除雪，应将推土机的一字形刀片调整成一个倾斜角度后沿道路纵向推雪，分段落进行。推土机刀片一般情况下都低于 80 cm，当积雪较厚时，可适当加高推土机刀片高度，充分发挥其效能。

2）平地机除雪

一般土方工程用的机动平地机都可以直接用其机体下方的刮土器来刮削积雪。为了扩大除雪功能，除雪平地机一般还装有前置的 V 形犁或侧置的翼板。这类除雪机械使用广泛，适宜在应急抢通中大量使用。但由于平地机均为轮胎式，所以不适宜山区险峻路段的冰雪清理作业。

3）小型除雪车除雪

小型除雪车可供狭小地带除雪作业，当其他大型机械清理不方便时，可采用小型除雪车进行道路除雪作业。这些小型除雪车的长度一般在 3.5~4.5 m，宽度在 1.5 m 左右。按行走装置分为轮胎式和履带式，按除雪装置分为犁板式、旋切式。除雪作业中如需采用履带式除雪车，其行走装置宜选用不易损坏路面的橡胶履带板。

4）推雪机除雪

在一般推土机或拖拉机底盘上安装各种犁板式推雪装置，就成了推雪机。它是应用最早的除雪机械。

5）装雪机配合自卸车除雪

雪的运输一般都使用自卸卡车，向卡车上装雪的机械称为装雪机。装雪机可分为三大类：传送带式、铲斗式、旋切式。

6）融雪车除雪

前述的装雪和运雪机械有两方面不足：一是难免影响正常交通；二是需要较大的堆雪场地。自行式融雪车就可以克服上述缺点，融雪车前方用旋切装置将地面上的积雪收集起来通过传送装置送到车辆后部的融雪槽中，积雪在这里被加热融化成水。溶解水通过管道排出，在城市一般将雪水直接排往下水道。融雪车需人工将排水管道引入路面排水系统，在有排水沟的道路能发挥更大的作用。

7）雪帽处理车清除雪帽

在山区及河湖沿岸路旁的山石上，常常悬空积存厚雪并且越积越大而形成雪帽，最后由于重力作用或者其他冲击作用而崩落。这种现象一旦发生，不仅会堵塞交通，而且往往会诱发雪崩等灾害，所以必须及时消除雪帽。雪帽处理车分为削刀式和钢索式两种，车上装有类似于起重吊车吊臂的超长杆臂，杆臂上装有除雪器具。削刀式雪帽处理车使用的除雪器具是长刃削刀，可以清除高达 6.5 m 处的雪帽。钢索式雪帽处理车用绷紧的钢索刮削高空雪帽，作业高度可达 11 m。待阻塞段落雪帽处理结束后，方可进行道路积雪处理。

8）扫雪车除雪

扫雪车在 20 世纪 60 年代末已开始使用，最初的扫雪车只是靠其特制的刷子单纯地进行扫雪作业，在条件较好时能够较彻底地清除积雪。早期的刷子是竹制的，不抗磨而且容易折损。作业 10 h 折损率高达 20%，所以后来的刷子都改用钢丝制造。现代化的扫雪车一般都配有高压空气帮助吹雪，这种扫雪车最适合在机场跑道和高速公路上进行“无残雪”除雪作业，即使路面凹凸不平，这种扫雪车也能将雪和水完全清除。

9）机械压实积雪

在除雪机械不足时，可利用一般推土机或拖拉机对积雪进行反复碾压，将积雪压实以利车辆通行。在降雪期长的地区，为保证道路积雪能得到充分的压实，每 2 km 就应当配备一台压雪车。

10）手扶式除雪机除雪

手扶自行式除雪机是清理道路积雪的小型机械。手扶自行式除雪机根据行走装置可分为轮胎式和履带式，按除雪部件结构分为转子式和刷式。

11）除雪犁清除冰雪

除雪犁也称推雪板，是一种较常用的扫雪工具。这种除雪装备的设备结构简单，装换容易、机动灵活、效率高，适宜清除有一定厚度的雪。它通过牵引装置悬挂于汽车、装载机、平地机等动力机械上，即可完成除雪或除冰作业，如图 6-17 所示。

图 6-17　除雪犁

12）冰层处理车除冰

未能及时清除的积雪经过车辆的反复碾压就形成牢固的冰层，这时很难用常规机械清除。如图 6-18 所示，专用冰层处理车对于这种冰层具有较好的处理效果。如图 6-19 所示，冰层处理车还可以采用松土式冰层破碎装置，安装于工程车辆后部，其移动幅度为 300 mm，这种装置作业比较灵活，而且质量分配有利于冰层破碎作业。

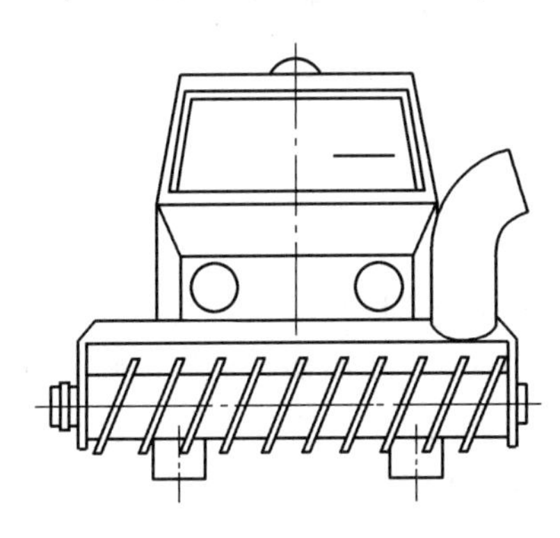

图 6-18　冰层处理车示意图

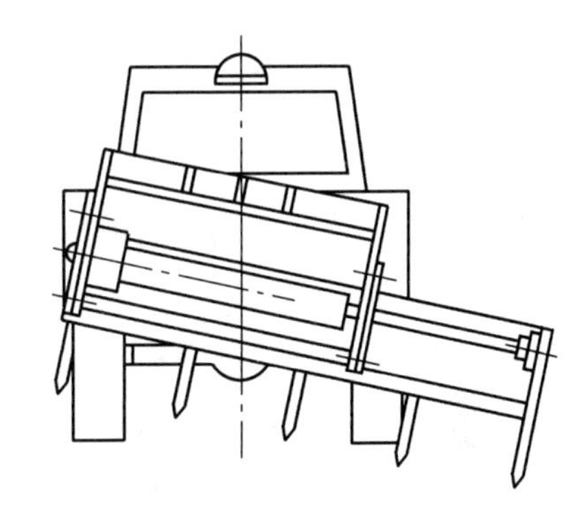

图 6-19　冰层破碎装置示意图

13）除冰机除冰

清除特别厚的冰层较困难，为保证除冰过程中路面不受损伤，需要使用相应的除冰机。

拖式的滚切除冰机行驶时由牵引车牵引，滚切除冰机由一个滚切轮和刮刀组成，滚切轮有液压机构升降。作业时滚切轮贴近冰面，在设备重力作用下，滚切轮对冰面产生一定的压力，随着除冰机前行，滚切轮将冰面切碎，破碎的冰碴由刮刀清除。

冲击式除冰机的除冰转子由发动机驱动，通过液压机构升降，可调节其与冰面的距离。冲击除冰转子上安装有冲击除冰器，每个冲击除冰器的本体由钢丝绳组成，在钢丝绳的两端铆接有冲击头，内侧用板固定于冲击除冰转子轴上。冲击除冰转子转动时，冲击头敲击冰面，路面上的冰面被敲击破碎。

14）微波除冰车除冰

如图 6-20 所示，微波除冰车分为简易型微波除冰车和综合型微波除冰车。冰层基本不吸收微波，所以微波可以穿过冰层，加热沥青路面，路面吸收微波，温度升高，将热量传递给冰层，首先融化冰与路面接合处的冰层，降低冰层与路面的接合力，然后，再用机械装置破碎冰层，便能轻松实现道路快速除冰。

（二）化学法清理道路冰雪

化学法去除道路冰雪主要是用化学药剂来降低冰雪的熔点，并配合防滑物的撒布达到车辆安全通行的目的。其不仅使用方便，而且能防冻，但化学法易对路面造成侵蚀，所以在机械法可以抢通道路时应避免使用化学法。

化学法使用的撒布设备，是能够控制撒布宽度和撒布量的机械，专用的药剂撒布车采

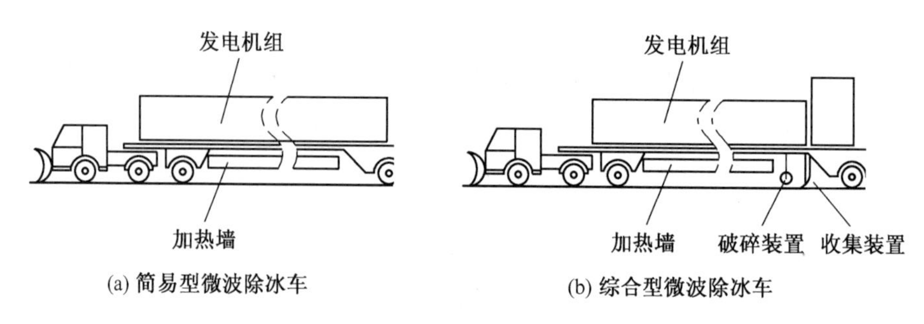

(a) 简易型微波除冰车

(b) 综合型微波除冰车

图 6-20 微波除冰车

用漏斗式的撒布装置，可向路面撒布药剂或干砂等，药剂的输送用漏斗内的螺旋装置来进行。应急抢通中通常将散播器安装在卡车上作为撒布设备。散播器是一种散播盐水、固体盐和混合料的融雪装置。散播器喷洒作业时由液压驱动旋转，将散播料均匀地喷洒在路面上，达到抢通道路的目的。部分除雪车配备有融雪剂撒布装置，也可进行融雪剂撒布作业。在紧急情况下，也可采用洒水车洒布盐溶液消除路面积雪。

融雪材料的选择应优先考虑环境友好型融雪材料，以减少对道路、桥梁、植物及环境的破坏。环境友好型融雪材料应根据不同道路结构、不同气温条件选择相应型号，确保融雪材料能在应急抢通中发挥最大的作用。

冰冻灾害严重且仍然持续降雪的情况下，应在道路上撒适量的防滑材料。防滑用的材料可根据所处区域就近取材，山砂、河砂、炉渣、矿渣、细小砾石或细小碎石均可作为防滑材料。防滑材料要运至已清除完成的路段进行撒布。

（三）人工清理冰雪

人工清理冰雪工作效率慢，一般在机械不足或不易清理的情况采用，可采取以下方法。

（1）当积雪厚度小、段落短并且人力充足时，可采取人工清除积雪的方法进行应急抢通，配合扫帚、木刮板等简易除雪工具清扫积雪。路上积雪清除后，路基两侧的积雪应加以整理，使其表面堆成 1：6~1：8 的坡度。

（2）当积雪经车辆行驶形成压实雪或路面有结冰时，人工清除时可采用镐铲、破冰锥等器械。

（3）采用人工撒布融雪剂消除路面冰雪。

（四）冰雪灾害中的应急抢通注意事项

（1）应急抢通过程中如遇连续降雪天气，应保证路面积雪清理完成后持续保持路面通行状况。当道路上的积雪厚度超过 5 cm 时，即应进行扫除工作。

（2）积雪厚度在 20 cm 以下时，可用镐铲或刮板等简易除雪工具扫除。厚度在 20 cm 以上时，用扫雪机、平地机、推土机等机械予以清除。在机械缺乏时，可采用畜力拖带木质刮板代替，再辅以人工进行清除残雪。

（3）路上积雪清除后，宜将路基两侧积雪加以整理，使其表面堆成 1：6~1：8 的坡度。

（4）高速公路冰雪灾害的应急抢通应在桥梁、连续上下坡、急弯处重点防范，加强监测，增强安全措施。在冰雪灾害中，要力保车辆通行，尽可能减少封道或不封道，使路面不易结冰。在缺乏除冰设备的情况下，可用人力在桥面上根据需要间隔地选择多个破冰点，增加摩擦系数。采取这种方法，不需铲除桥面全部冰层，车辆可以不打滑地行驶，且通过汽车的反复碾压后，可使冰层逐渐解体，而达到节省大量体力和时间的目的。也可用人工破冰铲出与车辆两轮同等宽度的辙道，引导车辆前行，能有效消除车辆因桥面结冰打滑而导致的交通堵塞。

（5）山区险峻路段积雪应及时清除，并在路基边缘设置简易视线诱导标志，以保证行车安全；高寒地区也可采用积雪做成雪墙护栏，雪墙护栏位置如图 6-21 所示，并设安全警示标志。路堑段积雪量过大时宜推至或运至路堑段落以外，防止后续保通过程难以持续。

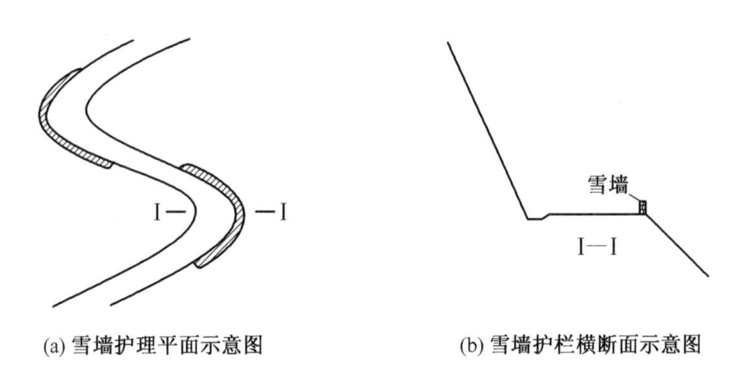

(a) 雪墙护理平面示意图　　(b) 雪墙护栏横断面示意图

图 6-21　雪墙护栏示意图

思考题

1. 道路掩埋阻塞抢通方法有哪些？
2. 涉水路段抢通方法有哪些？
3. 巨石及其松散堆积体阻塞道路抢通方法有哪些？
4. 沙害、冰雪灾害中的道路抢通方法有哪些？

参 考 文 献

[1] 中华人民共和国交通运输部，四川省交通厅，甘肃省交通运输厅，等．汶川地震公路震害图集［M］．北京：人民交通出版社，2009.
[2] 武警水电第三总队．应急抢险救援实践与探索［M］．成都：西南交通大学出版社，2011.
[3] 中国科学院兰州冰川冻土研究所．雪崩及其防治［M］．北京：科学出版社，1979.
[4] 黄龙华．控制爆破技术在地质灾害治理中的应用［J］．爆破，2010，27（2）：41-44+56.
[5] 陆永林．公路网抗击自然灾害应急机制的研究［J］．山东交通学院学报，2011，19（1）：45-49.
[6] 梅志荣，韩跃．隧道结构火灾损伤评定与修复加固措施的研究［J］．世界隧道，1999（4）：9-14.
[7]《应急救援系列丛书》编委会．应急救援案例精选与点评［M］．北京：中国石化出版社，2007.
[8] 孟祥连．宝成铁路 109 隧道震灾特征及抢险整治措施［J］．铁道工程学报，2009，26（6）：91-93+97.
[9] 夏于飞．油气管道抢维修技术［M］．北京：中国科学技术出版社，2010.
[10] 水利部黄河水利委员会，黄河防汛总指挥部办公室．防汛抢险技术［M］．郑州：黄河水利出版社，2004.
[11] 牛运光．防汛与抢险［M］．北京：中国水利水电出版社，2003.
[12] 董哲仁．堤防抢险实用技术［M］．北京：中国水利水电出版社，1999.
[13] 万海斌．抗洪抢险成功百例［M］．北京：中国水利水电出版社，2000.
[14] 赵绍华等．防洪抢险技术［M］．北京：中央广播电视大学出版社，2003.
[15] 王运辉．防汛抢险技术［M］．武汉：武汉水利电力大学出版社，1999.
[16] 可素娟，王敏，饶素秋，等．黄河冰凌研究［M］．郑州：黄河水利出版社，2002.
[17] 蔡琳．中国江河冰凌［M］．郑州：黄河水利出版社，2008.
[18]《中国水利百科全书》编辑委员会．中国水利百科全书［M］．北京：中国水利水电出版社，1991.